頭骨コレクション

骨が語る動物の暮らし

福田史夫［著］

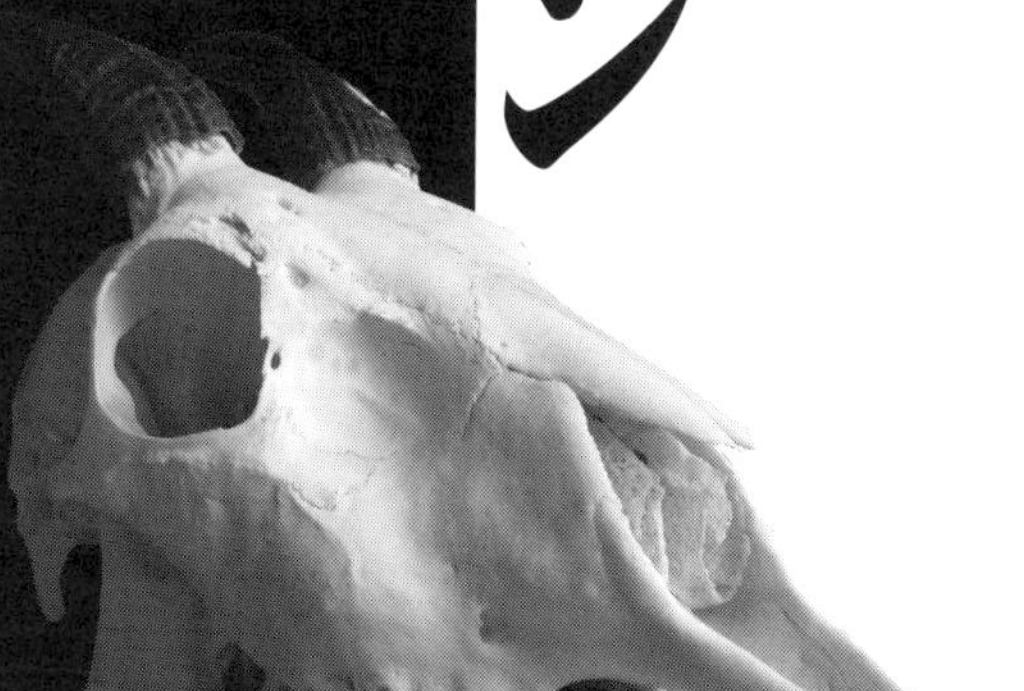

築地書館

はじめに

頭骨について思い出がある人なんているだろうか？

子どものころ、小学校三年のときだったと思う。通っている学校のすぐ近くの砂地の丘陵から、たくさんの人骨が出てきたのだ。どの骨も茶色の砂と同じ色だった。頭骨には髪の毛が腐らずにうすくついているものがあった。死んだあともしばらく髪の毛や爪は伸びるということが、ぼくたち子どもの間で恐ろしげにささやかれた。

その丘はかつてアイヌ民族のお墓だったということだった。いくつかの頭骨は学校の理科教室のガラス戸がついている棚におさめられた。頭骨の歯だけは象牙のように光っているものもあり、妙に艶かしく、ぼくは放課後その教室の前を通るのは嫌いであった。

小学校のすぐ裏は牧場と原野と言われた釧路湿原が広がっており、学校が終わってから、春はオタマジャクシ取りや小鳥捕り、夏はキリギリス捕りやヤチウグイ釣り、秋はキノコ穫りやヤマブドウ、コクワ（サルナシのこと）狩り、冬はスキーで、湿原を探検した。

このようにして遊びまわっていると、時々、湿原の草や雪に埋もれたウシやウマの死体を見つけることがあった。暖かい季節は、死体の腹や目にハエがたかり、ウジがわいていて、それらを見るのは実に嫌なものであり、しばらくはそのあたりに遊びに行かないようにしたものであった。

でも、奇妙なことにきれいに白骨化したものとなると、気味悪さ、恐ろしさがまったく消え去ってしまい、骨に素手でさわることも、あるいは、これはぼくの悪趣味なのだが、遊び仲間に白骨化した骨を噛んでみせることもできた。

ヒトの頭骨ならば恐ろしいが、動物のものにはそのような感じはもたなかったのだ。

その後ずっと、大学に入るまで、動物の頭骨をふくむ骨に対しては特別な興味はもたなかった。

大学に入って、箱根のサルの調査をするため、奥湯河原にある天昭山《てんしょうざん》神社野猿公園に行くようになって、サルの死体に接することが時々あった。

死体を見つけると、この死体は誰なのだろうと考えた。

当時、ぼくは箱根の群れのサルたちを一頭一頭識別していたので、死体を見つけると、それが誰なのかわかると思っていた。しかし、ほとんどまったくと言っていいほど、死体が誰なのか識別することはできなかった。

あるとき、サルの骨の一部だと思って拾ってきたものがタヌキのものだとわかってから、ほかの哺乳類の骨も知らなければと考え、ありとあらゆる哺乳類の頭骨を拾い集めはじめた。

最初は、現場で見つけた白骨化した頭骨が何の頭骨か、なかなかわからなかった。しかし、タヌキかキツネかテンかがわからなくても、若いか年寄りかの区別はつくようになってきた。さらには、残された傷痕から死因まで推定できることがあり、頭骨集めに拍車がかかった。

ヒトをふくむ哺乳類の骨格は、頭の骨、胴の骨、手足の肢骨、の三つに大別される。面白いことに、ほんのわずかの例外をのぞいて、首の長いキリンでも、首の短いイノシシでも、ヒトやサル、イヌ、ネコ、ネズミでも首の頸椎は七個である。

手足の骨はもちろんのこと、ほとんどの哺乳類の骨は、どの動物もほぼ同じ形をしている。もちろん似ていると言っても、サルやタヌキ、キツネ、ウサギと同じくらいの大きさの動物の大腿骨や肩甲骨を比べてみると、サルはサルの、ウサギはウサギのそれぞれ特有の形になっており、わずかに違いが見られる。

それぞれの動物たちの骨が、それぞれの動物たちの生活や行動と見合ったものになっているのだ。草食動物の歯や肉食動物の歯、あるいはサルやイノシシのような雑食性の動物の歯が、食べるものに適応した歯の形をしているのと同じである。

動物たちの生活がもっとも端的に表われている骨格の一つが、頭骨であるとも言える。大腿骨や肩甲骨を見て、その動物の姿や名前が思い浮かばなくても、頭骨を見ればどんな動物かすぐにイメージできる。それは、頭骨の大きさや形、目、鼻、口から動物の顔をイメージしやすいからである。

これも骨集めの面白さである。

こうやって、山で見つけた死体や、自動車事故にあった死体、友人や知人から宅配便で送ってもらったりプレゼントしてもらったものもふくめて、小さいものではユビナガコウモリから大きいものではホルスタイン種のウシの頭骨まで、北は北海道の厚岸《あっけし》湾大黒島のヤチネズミの仲間から南は奄美大島のマングースまで、日本の各地に生息する動物たちの頭骨が集まり、さらにはペットや外国のものもふくめて、正確に数えたことはないが一六〇個はかるく超えてしまう頭骨が、廊下の頭骨陳列棚とロッカーやぼくの部屋、トイレ、茶の間に置かれている。

これらの頭骨はすべて死んでいた動物を解体して得たものである。ぼくは、頭骨を収集するために動物を殺したことは一度もないし、あってはいけないことだ。

野山にある動物の死体や骨の収集はそれが天然記念物であろうとなかろうと、草木や岩石の盗掘と同じで基本的には禁止である。だが、それを厳守するならば、昆虫採集も植物標本づくりも、山菜採りやキノコ狩り、川原の小石一つ拾うこともできない。節度とマナーをきちんと守って自然と接することができれば、それらは自然と親しみ、自然から知識を得るために大切な行為ではないだろうか。ぼくは、殺さない、壊さない、荒らさない、をモットーとして、落ちている死体からのみ頭骨をいただくことにしている。

今はまだ山を歩きまわることができてサルをふくむ野生動物の観察をすることができるが、いずれ足腰がきかなくなったら、集めた頭骨を調べることにしようと思っていた。ところが、いつのころからか頭骨や骨を眺める時間が多くなった。

本書は、ぼくが頭骨を見ながら面白いと思ったり、不思議に思ったりしたことを、たくさんの写真とイラストを用いて、一緒に頭骨を手にとって眺めているような感覚で読んでいただきたいと思って書きすすめた。皆さんが野山の動物たちや自然に興味をもつきっかけになればと思っている。

また、動物の行動や生態に興味をもっている人や、野山をハイキングしたり登山する人、さらにはペットや自分の身体を知りたいと思う人たちにも、この本を読んでほしい。

イラストを描いてくれた平澤瑞穂さんは、ぼくと競争するように山道を歩き、斜面を這いずりまわった教え子であり、無類の野山好きである。彼女のイラストが本書の理解の大きな助けになってくれていることは疑いがない。

◎目次

コラム

本文の説明をわかりやすくするために、小さな動物の頭骨も写真の縮尺は考慮せず、見やすく掲載しています。

1
アクビは強さの誇示

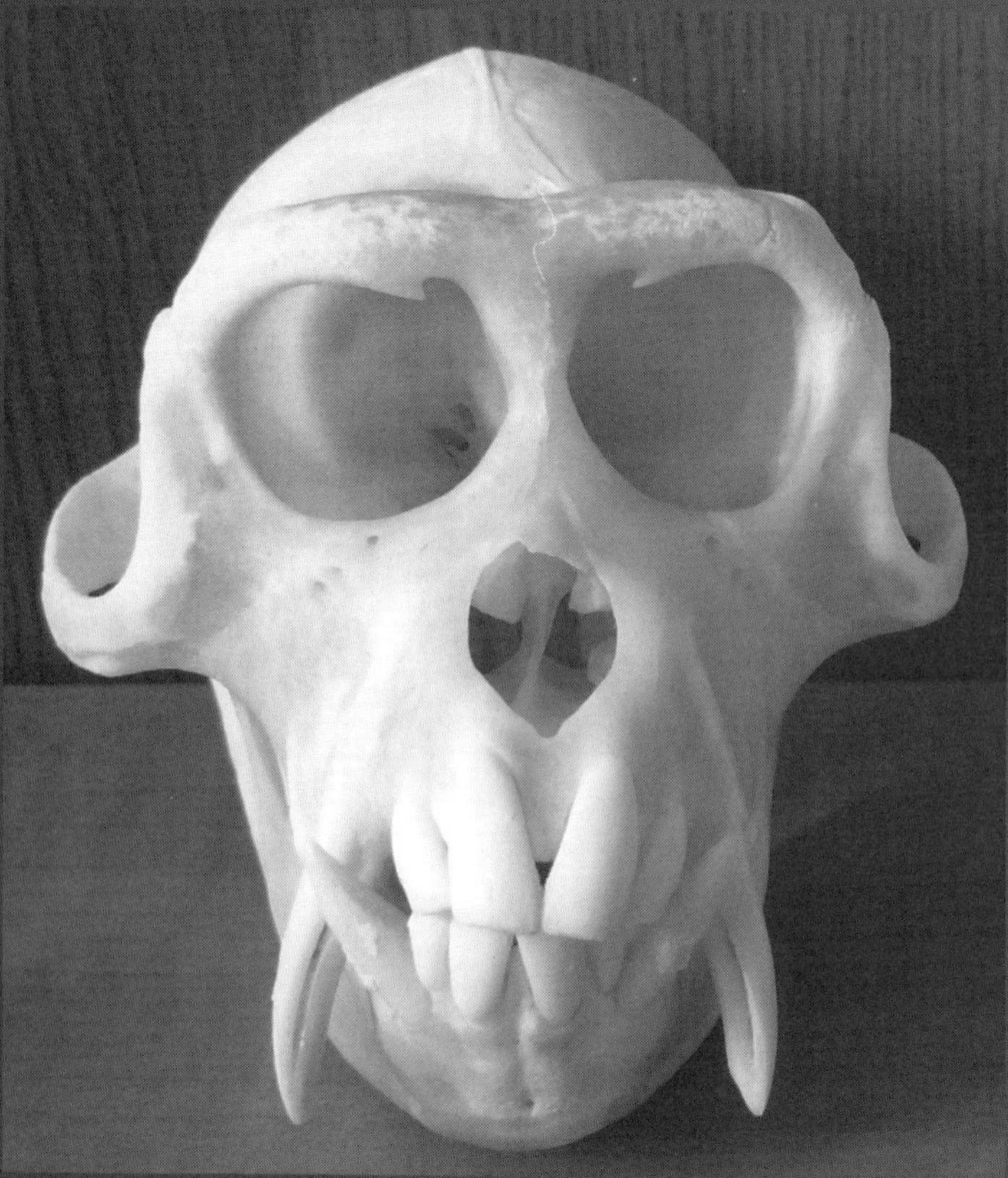

カニクイザルのオスの頭骨

ぼくの右の大腿骨のつけ根あたりに、幅一センチ長さ二センチくらいの傷痕がある。小学校に入る前に、近くの豆腐屋さんの秋田犬に噛まれたのだ。

ぼくは物心ついたときからイヌが好きだ。だからイヌに噛まれたときは、痛さよりも、なぜ、という思いでショックだった。食べやすいように餌の向きを変えてやろうとしただけなのに……。以来、食事中のイヌにはいっさい手出しをしないことにしている。

一度だけ、その禁を破ったことがある。

中国・陝西《シャンシー》省の秦嶺《チンリン》山脈山麓の農家に泊まってキンシコウの調査をしていたときのことだ。その農家の飼いイヌが、自分と同じ大きさの動物をまるごと一頭食べていた。その動物が何であるのかを知りたかったのと、頭骨が欲しくて、イヌをだましてその動物を盗んだのだ。

動物はキョンという小さなシカの仲間のメスの子どもであり、ぼくの頭骨コレクションの一つになった。もちろん頭部を切り離した残りをイヌに返したのは言うまでもない。

イヌに噛まれるとひどいケガになるのは、彼らの犬歯《けんし》が長くて鋭いからだ。

どんな動物も犬歯をもっているかというと、ぼくらがよく知っている動物では、意外に少ない。

日本に生息する陸生の哺乳類には、トガリネズミ目、翼手《よくしゅ》目、齧歯《げっし》目、兎《うさぎ》目、霊長《れいちょう》目、食肉目、鯨偶蹄《げいぐうてい》目の七目がいるが、齧歯目、兎目、鯨偶蹄目のなかに犬歯をもたない動物がいる。つまり、七目中三目に犬歯がない動物がいるのだ。

ネズミやウサギの仲間はすべて犬歯がない動物ばかりであり、鯨偶蹄目ではカモシカの上顎《じょうがく》に犬

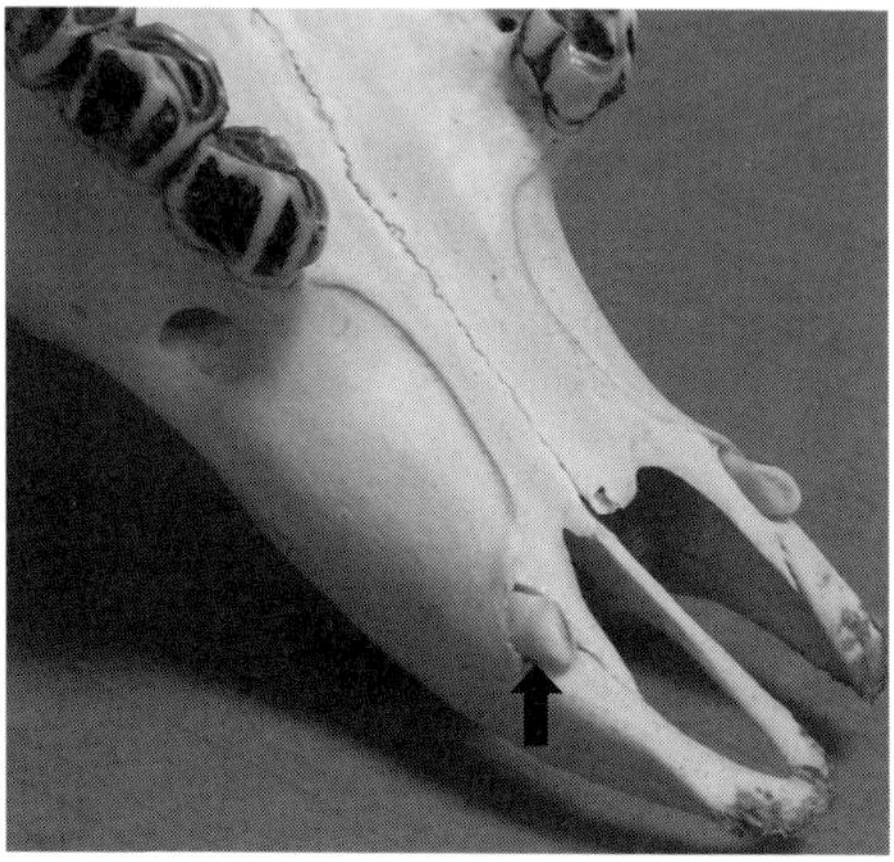

シカの役に立たない上顎の犬歯

歯がない（71、111ページ写真）。またシカの犬歯は、使い物にならないくらい短く（上の写真）、カモシカと同じように、いずれなくなる運命だろう。

トガリネズミ目ではどの動物も犬歯をもっており、犬歯や切歯《せっし》でミミズや昆虫たちを噛み殺している。

翼手目の犬歯も、トガリネズミ目と同じような役目をもっている。

食肉目は長い犬歯があるからこそ、カエルやネズミなどの小動物ばかりでなく、自分より大きいウサギやシカなどを捕まえられるのだ。

霊長目も立派な犬歯をもっている。しかし、立派な犬歯をもつのはオスだけで、メスのものは貧弱だ（次ページ写真）。

性によって犬歯の長さが著しく違うのは、角《つの》をもたないキバノロやジャコウジカなどの小形のシカの仲間とイノシシやサルの仲間だけである。

もっともサルの仲間でも、スローロリスやアイアイ、キツネザルなどサルらしくないサルの仲間の曲鼻《きょくび》亜目のサルたちと直鼻《ちょくび》亜目のメガネザル、中南米に棲むマーモセット、タマリン、クモザル、リスザル、ホエザルのような広鼻猿《こうびえん》類は、オスもメスも犬歯が同じように長い。

しかし、同じ直鼻亜目のサルでも、アジア・アフリカに生息する、誰が見てもサルだとわかるニホンザルやマントヒヒ、あるいはキンシコウやテングザル、ゴリラ、チンパンジーなどの狭《きょう》鼻猿《びえん》類のサルたちは、オスだけが強大な犬歯をもっている。メスの犬歯は貧弱なものである。

例外はヒトとテナガザルである。テナガザルの仲間は、オスもメスも立派な犬歯をしている。逆に、ぼくらヒトのオスの犬歯は、メスと同じように短く目立たないものだ。

なぜ、アジア・アフリカに生息する狭鼻猿類のオスは、強大な犬歯をもつようになったのだろうか?

◉―狭鼻猿類の犬歯の違い(左:オス、右メス)

オスは立派な犬歯をもつが、メスの犬歯は貧弱だ

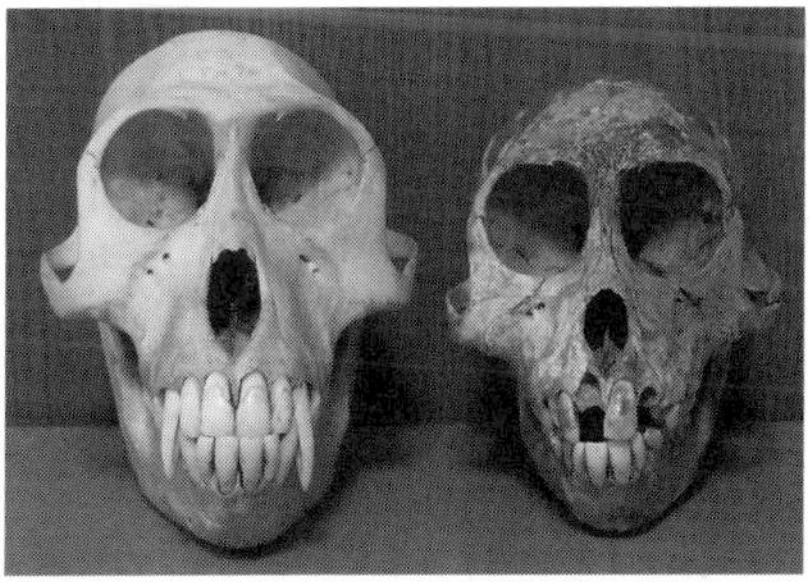

ニホンザル

カニクイザル

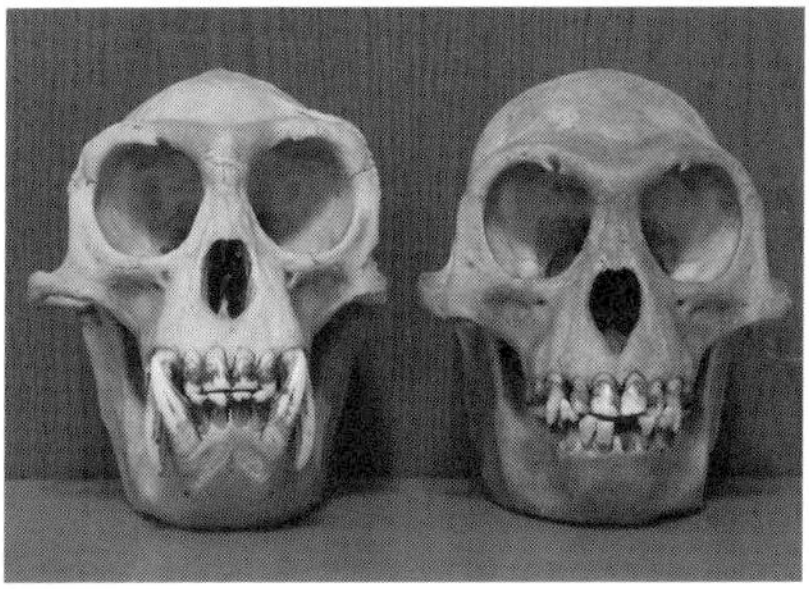

アカコロブス

キンシコウのオスの犬歯を誇示するアクビ（陝西省周至自然保護区で）

この仲間のサルのオスたちは、同種の仲間と争うときに犬歯を使う。

つまり、犬歯はオスたちの武器なのである。だが、この武器をなるべくなら使わないですませたい。下手に使って相手から反撃を受けて逆に噛まれたらケガをするかもしれないからだ。だから、群れのなかで順位が高い、強いオスは、自分の武器を皆に見せびらかす。

「オレはこんなにすごい犬歯（武器）をもっているのだから、噛まれると大ケガをするぜ！」と、大きなアクビをして犬歯をひけらかすのだ。

上の写真は、オスのキンシコウのアクビである。

オスは意識的に、大口を開けたアクビをすることによって、自分の犬歯をまわりの者たちに見せているのだ。これは、チンパンジーもゴリラも同じである。メスや低順位の個体が犬歯を誇示するようにアクビをしているところはまったく見たことがない。

ところが、爬虫類や鳥もウサギもウマも、ほかの多くの動物たちもヒトも、性に関係なくアクビをする。アクビの生理学的なメカニズムは解明されていないが、ヒトのアクビは、眠たいときや退屈なとき、目覚めたときや緊張したときに、まったく無意識のうちに起こる生理的な現象であり、誰でも経験していることだ。

ニホンザル、ヒヒ、ゴリラ、チンパンジーたちのオスたちのアクビはメスや低順位の個体やほかの多くの動物やヒトで起こる生理的なアクビとは趣きがずいぶん違う。社会的に順位の高い者だけが大口を開けて周囲の仲間に犬歯を見せつけるものであり、威嚇・脅しのディスプレイである。

ヒトはこれらの狭鼻猿類の仲間でありながら、サル以外の動物たちと同じようにオスばかりでなくメスもアクビをする。

ところが、ヒトがアクビをするときは、たいてい口もとを手で隠す。本や扇子を持っていれば、それを口もとに持っていって隠す。それは日本人としてのマナーだと思っていたが、ヨーロッパ人もアフリカ人も中国人もアクビをするときは、口もとを手で、あるいはほかのもので隠そうとする。

これは、ヒトという種《しゅ》が文化として共通にもっている、アクビに対する紋切り型の行動様式の一つであろう。

ヒトのアクビは示威行為の表われではないと思われるのに、なぜなのだろうか?

オスザルはまわりの者たちに、まるで見せつけるようにアクビをする。

もちろん、自分がその集団のなかでもっとも優位であることを認識しているオスだけがアクビをする。劣位にある個体が仲間の前で大きく口を開けて、犬歯を誇示したようなアクビなどしたら、皆から攻撃を受けるのがオチだ。そんなバカなまねをする劣位個体は見たことがない。

なぜ、ヒトは男も女もアクビをするときに、口もとを隠そうとするのだろうか?

ヒトはアジア・アフリカ産の狭鼻猿の仲間であるが、オスもメスと同じ貧弱な犬歯をもつようになったサルである。それでも、かつて立派な犬歯をもっていたときの行動としてのアクビがオスにもメスにも自然に出ることがある。

だが、アクビをして自分の犬歯を周囲の者たちに見せるのは、自分の武器を見せびらかしてケンカを売るようなものである。

そこで、「ごめんなさい。このアクビは、決してあなた方に自分の武器を誇示しているわけではないのです」という、周囲の者たちに対してのことわりが、口を隠す行動として儀式化したのではないかとぼくは考えている。

しかし、最近、両手がふさがっていないのに、人前で大口を開けてアクビをする男女を見かけるようになった。

隠しもせずに堂々とアクビをする人は、まわりの人たちを同じ人間の仲間と思っていないのではないだろうか。人前でアクビをする人でも、友人や知人の前では隠すと思うのだが……。

ヒト化以前の行動は自然と出るが、ヒトになってから獲得したと思われる行動がこんなに簡単に失われるものだろうかと、ぼくは考えこんでしまう。

コラム——頭骨を知る

頭骨は、ヒトやイヌやシカなどの哺乳動物たちの体のなかで、もっとも大事な中枢にあたる脳や感覚器がおさまる脳頭蓋骨と、さらに呼吸器や消化器の玄関にあたる部分がおさまっている顔面頭蓋骨よりなる。

ここでは、本書によく出てくる骨を中心に、キツネ（食肉目）を例にして説明しよう。

★——脳頭蓋骨《のうとうがいこつ》

前頭骨《ぜんとうこつ》……オデコにあたる部分の骨。後眼窩突起が伸びて、頬骨の前頭突起と癒着して眼窩輪を形成し、頬骨や上顎骨などと一緒になって眼窩を形成する。

頭頂骨《とうちょうこつ》……頭のてっぺんから両側にある骨。

大泉門《だいせんもん》……乳児期に左右の前頭骨と頭頂骨が出合う部分に開いている穴。

冠状縫合《かんじょうほうごう》……前頭骨と頭頂骨が接する線状の部分。

矢《や》状縫合《じょうほうごう》……左右の頭頂骨の正中線《せいちゅうせん》上で接する部分。盛り上がったものが矢状隆起。

後頭骨《こうとうこつ》……頭頂骨の後ろにある。

大孔《だいこう》（大後頭孔）……脳から脊髄へつながる部分の後頭骨に開いている穴。

側頭骨《そくとうこつ》……耳がつく側頭部の骨。

後眼窩突起《こうがんかとっき》……前頭骨から頬骨弓に向かって伸びる突起。

頬骨弓《きょうこつきゅう》……頬骨から後方に伸びた突起と側頭骨から前方に伸びた突起が結びついた弓状の部分。

★——顔面頭蓋骨《がんめんとうがいこつ》

前顎骨《ぜんがくこつ》……口吻《こうふん》の前端にあり、鼻骨や上顎骨と接する。ヒトでは生まれたときにすでに上顎骨と癒着している。ヒト以外の哺乳類では左右二つの骨に分かれている。上顎《じょうがく》の切歯《せっし》が出てくる骨なので切歯骨とも言われる。

上顎骨《じょうがくこつ》……下顎骨とともに食物を咀嚼《そしゃく》するために歯を有する骨で、眼窩《がんか》や鼻腔《びくう》の一部も形成している。

眼窩下孔《かこう》……目の下の上顎骨の前にある神経や血管が通る穴。

口蓋骨《こうがいこつ》……上顎骨の後ろに接する骨で口蓋を形成する。

下顎骨《かがくこつ》……左右一対の骨からなる。ヒトやサルやイノシシなど一部の哺乳類では生まれたときから左右が癒着している。

頭骨を下から見る

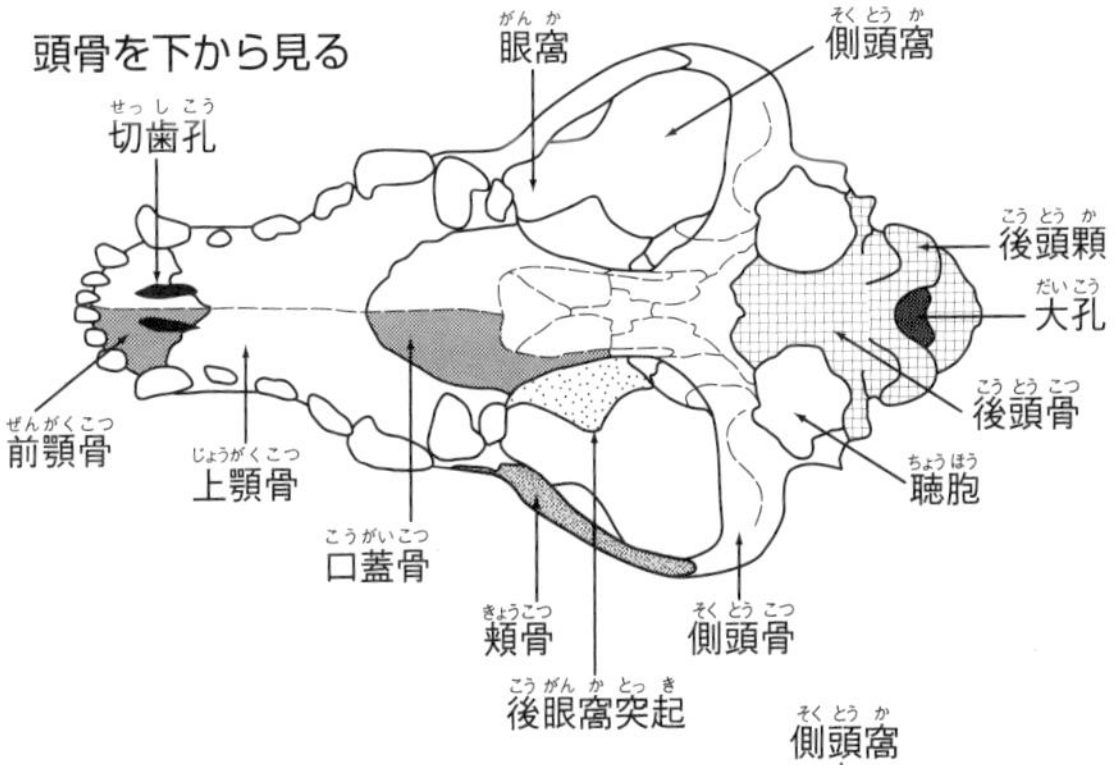

頭骨を上から見る

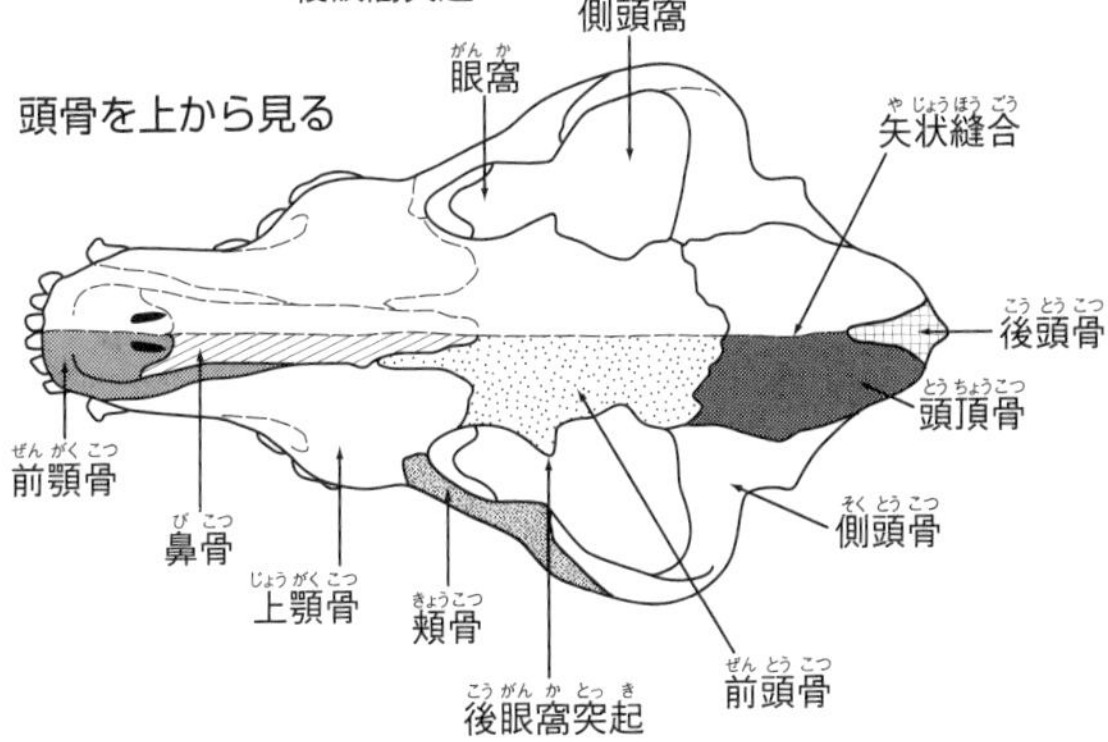

頭骨を横から見る

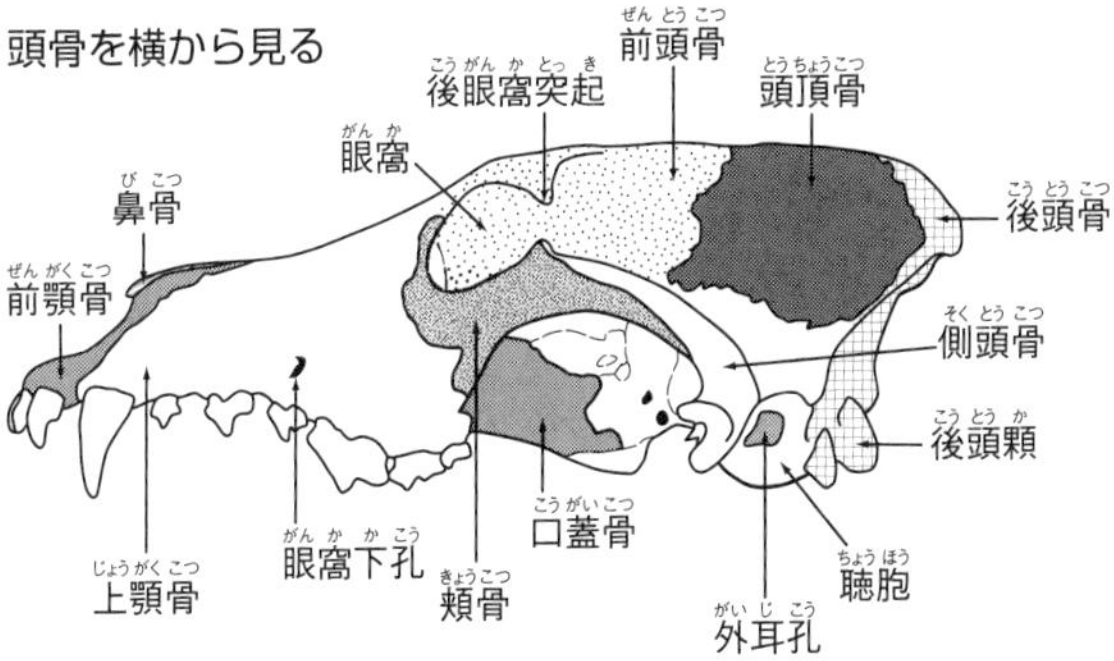

コラム

クジラはウシの親戚
―最近の系統動物学―

これまで動物の系統は、生理・形態・生態の類縁関係から系統樹がつくられていた。

同じ環境下では、系統が異なっていても同じような生理・形態・生態になることは、収斂《しゅうれん》現象として昔から知られていた。

近年の分子生物学の発展はめざましいものがあり、動物たちのミトコンドリアや核のＤＮＡ解析から哺乳類の類縁関係が明らかにされつつある。さらに中国をふくむさまざまな地域で化石が発掘され、恐竜たちが闊歩していた一億数千万年前には哺乳類が誕生していたことも明らかにされた。

この結果、哺乳類の系統樹が見直され、変更される過渡期にある。最近ようやく定説ができてきたので、この本では最新の哺乳類の系統分類にそって話している。

新しい分類では、これまで有袋（カンガルー）目に一目とされていたものが六目に細分され、貧歯《ひんし》目とされていたものが有鱗《ゆうりん》目と管歯《かんし》目の二目にされた。一方、鯨類と偶蹄類はカバとクジラとの類縁性が明らかになったことから鯨偶蹄《げいぐうてい》目となり、鰭脚《ききゃく》類は食肉《しょくにく》目・イヌ亜目・クマ下目・鰭脚上科におさまった。

食虫目は、以前から判断の難しい動物たちの寄せ集めの目という汚名が着せられていて、これまでは、長脚《ちょうきゃく》目やアフリカトガリネズミ目、さらには登木《とうぼく》目や皮翼《ひよく》目でさえこの食虫目にふくまれたことがあった。つい最近まで、ハリネズミ目も入れられていた。新分類では食虫目INSECTIVORAの名称は削除された。

まとめると左図のような哺乳類（綱）の系統樹となる。

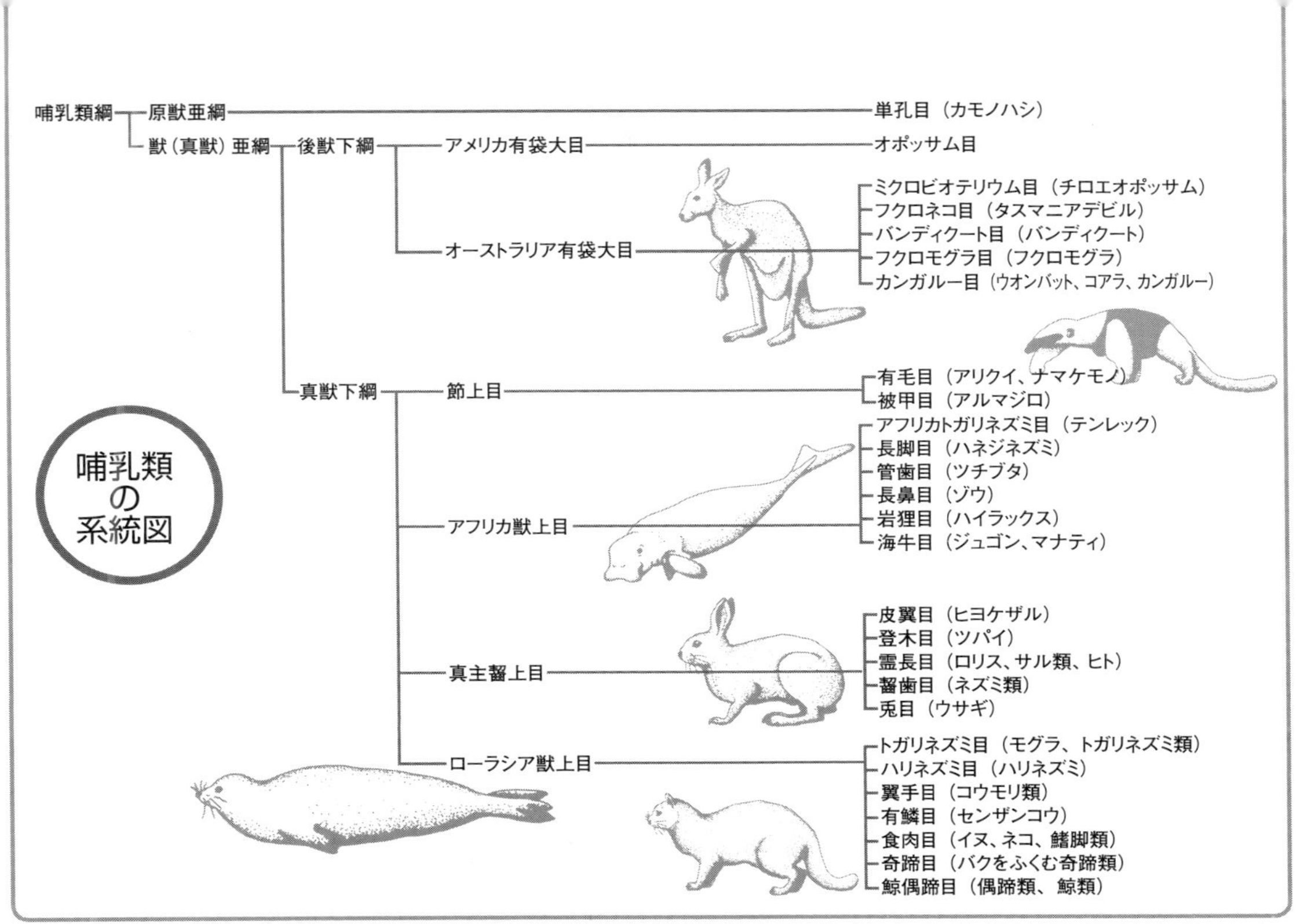
哺乳類の系統図
哺乳類綱
原獣亜綱
単孔目（カモノハシ）
獣（真獣）亜綱
後獣下綱
アメリカ有袋大目
オポッサム目
オーストラリア有袋大目
ミクロビオテリウム目（チロエオポッサム）
フクロネコ目（タスマニアデビル）
バンディクート目（バンディクート）
フクロモグラ目（フクロモグラ）
カンガルー目（ウオンバット、コアラ、カンガルー）
真獣下綱
節上目
有毛目（アリクイ、ナマケモノ）
被甲目（アルマジロ）
アフリカ獣上目
アフリカトガリネズミ目（テンレック）
長脚目（ハネジネズミ）
管歯目（ツチブタ）
長鼻目（ゾウ）
岩狸目（ハイラックス）
海牛目（ジュゴン、マナティ）
真主齧上目
皮翼目（ヒヨケザル）
登木目（ツパイ）
霊長目（ロリス、サル類、ヒト）
齧歯目（ネズミ類）
兎目（ウサギ）
ローラシア獣上目
トガリネズミ目（モグラ、トガリネズミ類）
ハリネズミ目（ハリネズミ）
翼手目（コウモリ類）
有鱗目（センザンコウ）
食肉目（イヌ、ネコ、鰭脚類）
奇蹄目（バクをふくむ奇蹄類）
鯨偶蹄目（偶蹄類、鯨類）

2

なぜキングコングは頭頂部が盛り上がっているのか？

ヒガシローランドゴリラのオトナオスの頭骨。右の頬骨と鼻骨に狩猟時に鉈《なた》状の刃でつけられた傷痕がある

ニューヨークのエンパイア・ステート・ビルディングに登って、暴れまわったキングコングを知っているだろうか？

キングコングは、アメリカ映画に登場する毛むくじゃらで、筋骨隆々で頭頂部が盛り上がり、口を開けると大きく鋭い犬歯がのぞく恐ろしい巨大なゴリラだ。この映画で、ゴリラは大きくて力強くて恐ろしいサル、というイメージが人々に植えつけられてしまったようだ。

ゴリラはマウンテンゴリラ、ヒガシローランドゴリラ、ニシローランドゴリラの一種三亜種に分類されていたが、最近は、ニシゴリラ（*Gorilla gorilla*）（二亜種）とヒガシゴリラ（*G.beringei*）（三亜種）の二種五亜種に分類されている。

ニシゴリラは、ナイジェリアからコンゴ民主共和国までの、ギニア湾を囲むアフリカ中央部の国々に生息する。ヒガシゴリラはコンゴ盆地からウガンダ、ルワンダ、コンゴ民主共和国三国の国境ぞいに生息する。

このような生息地の状況から、ニシゴリラがもっとも海上輸送に適しているため、最初にヨーロッパに送られて研究され、動物園などでも飼育された。日本をふくむ世界各地の動物園で飼育されているゴリラはニシゴリラである。

一九六〇年代から、京都大学の今西錦司を隊長としてアフリカの人類学的調査が行なわれ、民族の調査のほかに類人猿の調査も行なわれた。

チンパンジー調査は、大学院生の西田利貞がサトウキビによる餌づけに成功して、着々と成果をあげていた。しかし、ゴリラに関しては、日本モンキーセンターの河合雅雄と水原洋城がマウンテンゴリラ（新分類ではヒガシゴリラの亜種）を調査したものの、突進してくる威嚇攻撃の下敷きになり、すごすごと引き揚げてきた。

その後、英国人研究者のJ・B・シャラーがマウンテンゴリラの観察に成功し、米国人女性のD・フォシーがマウンテンゴリラの群れのなかに入っての観察に成功して、一躍ゴリラの真の行動や社会生態が明らかにされた。

ゴリラの群れは、シルバーバックという背中が銀色に輝くオトナオスが一頭と、複数のメスとその子どもたちからなる、一夫多妻型の家族群である。

このシルバーバックのオトナオスからキングコングのイメージが生まれたのであるが、フォシーの観察によれば、シルバーバックは、優しさあふれる父親のような存在である。

ぼくも、ウガンダのムガヒンガ国立公園でマウンテンゴリラを、コンゴ民主共和国のカフジ・ビエガ国立公園でヒガシローランドゴリラ（ヒガシゴリラの亜種）を見たが、群れの唯一のオトナオスはキングコングの恐ろしいイメージとは違って力持ちで優しいオトナオスという印象をもった。

では、ゴリラが乱暴なキングコングのイメージになった要因は何だろうか？

それは、人を威圧するような力強さにあるのだろう。

その力強さとは、上半身の大きさと頭の大きさ、および頭頂部の盛り上がりからくるイメージである。頭頂部が盛り上がるのは、ゴリラのオスばかりでない。チンパンジーやキンシコウ、ニホンザル、カニクイザルなどの狭鼻猿類のオスは、大人になると頭頂部が盛り上がる。

これらのオトナオスが何かを食べているときは、コメカミから頭頂部にかけての筋肉が動いているのがわかる。動いているのは側頭筋《そくとうきん》という咀嚼筋《そしゃくきん》である。

この筋肉は、当然メスにもついているが、オスのほうが分厚く張りついている。

アジア・アフリカに棲むサルは、メスよりもオスのほうが犬歯が大きく伸びて、噛む力が強いため、

◉—ヒガシローランドゴリラのオトナオス

上半身が大きく、頭頂部が盛り上がっている（コンゴ民主共和国のカフジ・ビエガ国立公園で）

◉—ニホンザル（オス）の側頭筋

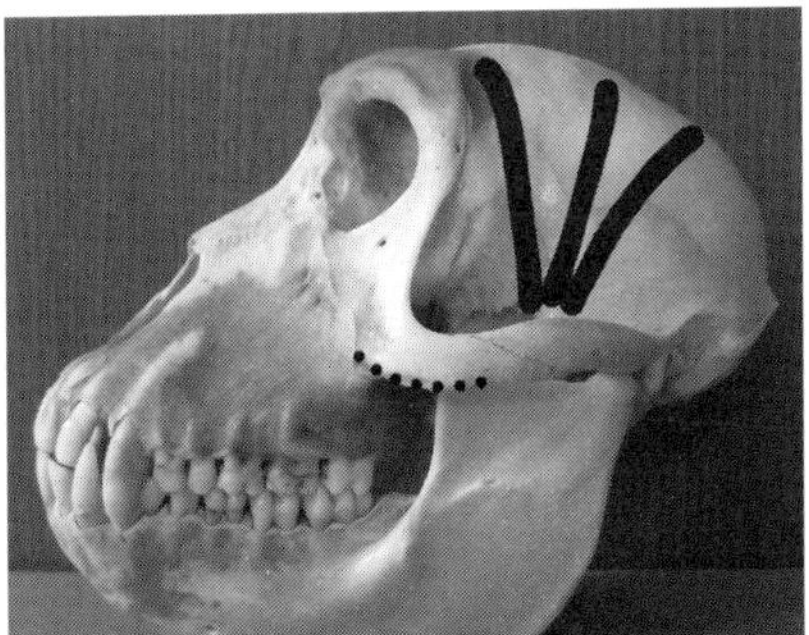

下顎骨の筋突起から出て側頭部から頭頂部にかけて全面に張りつく。側頭筋の支えとして頭頂部の矢状縫合が隆起する

矢状縫合《やじょうほうごう》（左右の頭頂骨が正中線で接する部分）の盛り上がりが顕著である。これを矢状隆起《やじょうりゅうき》という。

写真はカニクイザル（東南アジアに生息。これは実験動物として飼育されていた）、ニホンザル（房総半島で採集）、アカコロブス（タンザニアのマハレ山塊で採集）のオトナオスとメスの頭骨を上から撮ったものである。三種ともオスの矢状縫合が隆起しているのがわかるだろう。

コンゴ民主共和国のカフジ・ビエガ国立公園で撮ってきたオスのヒガシローランドゴリラの頭骨の写真を改めて見ると、矢状隆起がニホンザルたちとは比べものにならないほど隆起していることがわかる。この頭骨からオスゴリラの噛む力のすごさがわかる。

◉―矢状縫合の隆起の具合

それぞれ左がオスで右がメス。左右の頭頂骨が出合った部分が矢状縫合。オスでは明らかな隆起が見られる

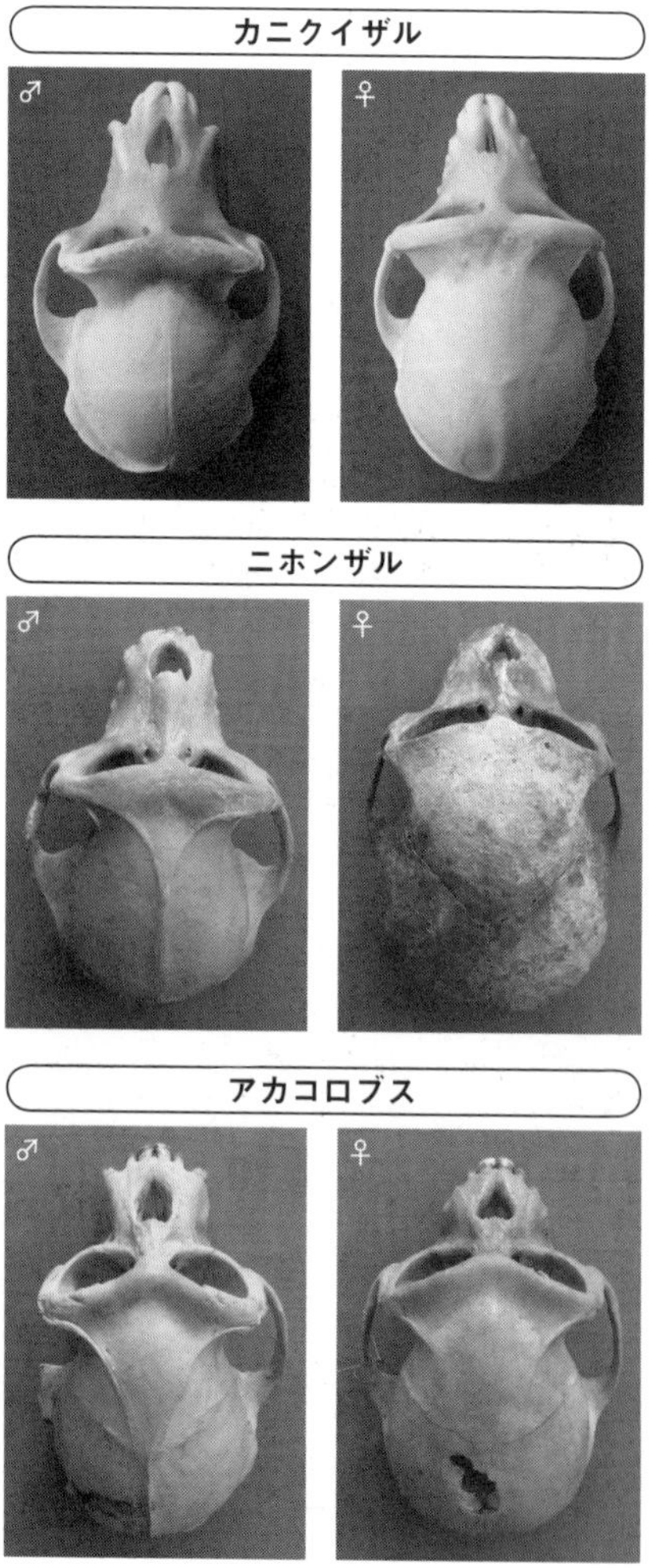

では、噛む力の強い動物はすべて矢状縫合が隆起しているのだろうか？

噛む力が強そうな動物と言えば、食肉目の動物たちである。彼らは、大きな草食動物を襲って噛み殺すくらいの、強い噛む筋力の持ち主だ。

ライオンやチーターやリカオンのようなアフリカの肉食獣でなくても、日本にいる食肉目のキツネやタヌキを見ると、やはり矢状縫合が隆起している。飼いイヌあるいは飼いネコの頭骨を見ても矢状隆起がはっきりしている（写真）。

◉—肉食獣の矢状縫合は隆起している

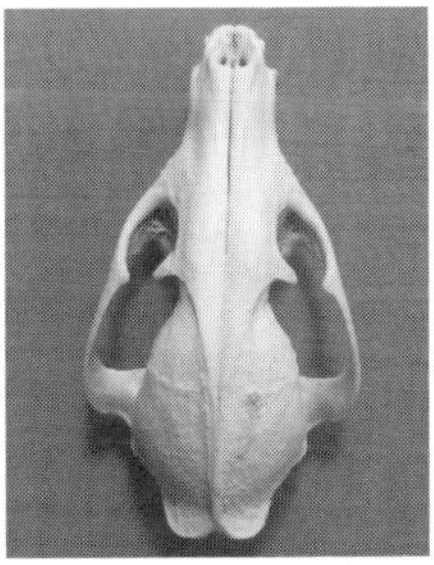

タヌキ

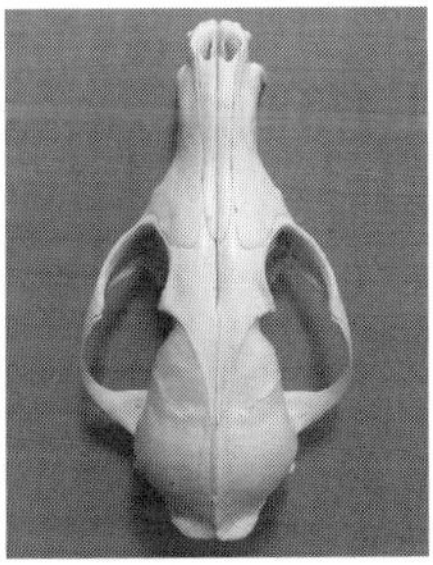

キツネ

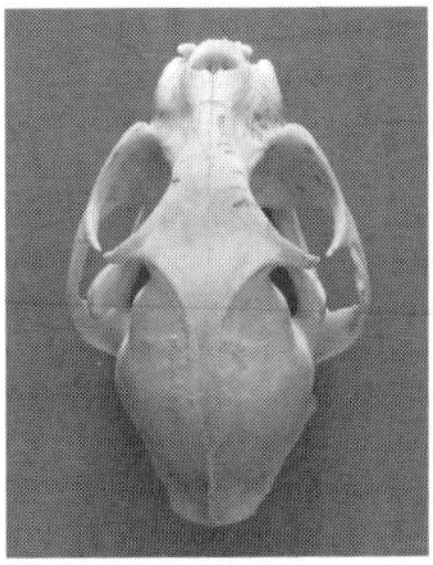

飼いネコ

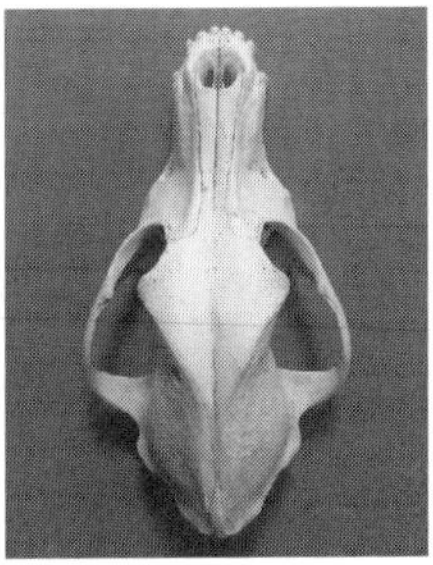

飼いイヌ

◉—矢状縫合が隆起していない動物たち

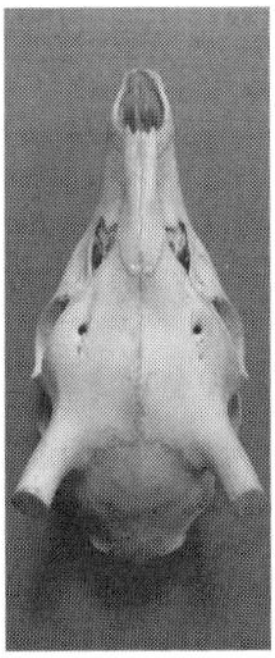

シカ

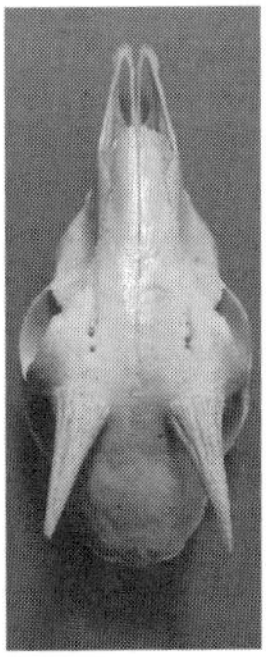

カモシカ

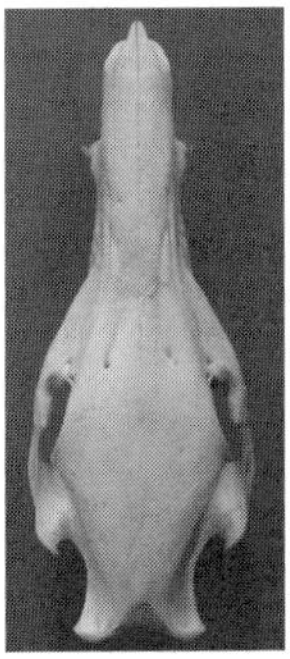

イノシシ

これらは、オス・メス関係なく同じような隆起が見られる。それは、食肉目の動物たちは両性とも餌となる動物たちを噛み殺さなければ生きていけないからだ。

草食動物はどうだろうか?

草食動物には矢状縫合の盛り上がりが見られない。彼らには切歯がなかったり、犬歯もなかったり、あったとしてもシカのような貧弱なものである。これは上下に噛む力が強くないことを示している。

草食動物ではないが、シカやカモシカと同じ仲間のイノシシも隆起していない。

これらシカ、カモシカ、イノシシに共通しているのは側頭筋が付着する頭頂骨の側面の面積が非常に狭いことだ。つまり、側頭筋がつく場所がないのだ。これでは下顎を強く引き上げる噛む力は望めない。

イノシシの頭頂骨は、上部から側部へ垂直に曲がって側頭骨と結びつく。このため、側頭筋が頭頂部の矢状縫合が隆起する代わりにへばりつくことが可能と思われる。さらに、左右の下顎骨が新生児のときから縫合・癒合しているため、イノシシは堅いナッツでもバリバリ食べる能力をもつ。

アジア・アフリカのサルのオスの頭頂部が盛り上がっているのは、矢状隆起があって、そこに側頭筋という咀嚼筋がからみついているからである。矢状隆起は、側頭筋が食物を咀嚼するのにどのくらい重要であるかによって、隆起の度合いが変わってくる。

さらに、オスはメスよりも長く強大な犬歯をもっている。この犬歯は同種のオスどうしが戦うときの武器であり、噛む力と関係している。

とても単純に言ってしまえば、やっぱり頭の上が盛り上がってとがっているほど、強いのだ！

コラム

どんなところで発見するのか？

動物の死体を探すために歩きまわったことが何度かある。

時季は春で、場所は沢。

春の沢ぞいはもっとも歩きづらい。それは、前年の台風などで折れた木や枝が高いところから斜面を転げて落ちてきているし、さらには積雪期に雪上に落ちた枝や倒木が雪解けとともに、斜面から沢ぞいに落ちてたまるからである。

木の枝だけが、高いところから谷間に落ちてくるわけではない。大きな岩や動物の死体までも滑り落ちてくるのだ。

動物が尾根上で死亡したとしても、肉食動物たちがひっぱって食べる。重たい死体は斜面を転がって低いほうへ低いほうへと落ちていく。これが雪上であると、谷底に死体が着くのに一日もかからない場合もある。谷間で動物たちは死肉をあさることになる。夏季であれば腐敗臭により昆虫をふくむ動物たちがたくさん集まり、臨時のレストランになる。

沢ぞいは、このように尾根や斜面で死んだ動物たちが、ほかの動物に食い荒らされることによって沢まで落ちてくるだけではない。日本の沢ぞいは渓谷の美しい場所であり、動物たちが誤って断崖から滑落する場所でもある。滑落死するのはシカ（写真ａ）やカモシカ（写真ｃ・ｆ）などの大型獣ばかりではない。ぼくはウサギやテン（写真d）などの滑落死体を拾ったことがある。

また、沢ぞいは、猟期に猟師たちが動物を勢子《せこ》を使って追いつめて撃つ場所でもあり、猟師が死体を沢まで転げ落として沢で解体する。沢には水があるので、動物の血でぬれた手を洗ったり、土砂や枯葉で汚れた肉を洗うことができ、何かと便利である。

春の丹沢《たんざわ》（神奈川県）などの沢は、猟期に撃た

a

b

c

d

e

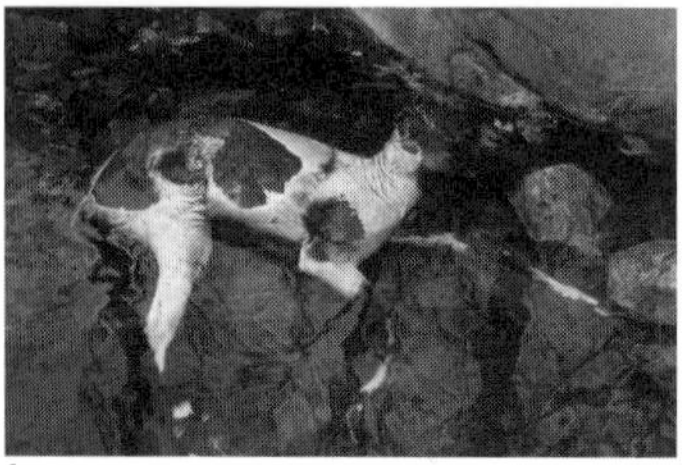
f

れたシカたちの剥き出しの頭骨や背骨が二〇～三〇メートルおきくらいに散乱し、まさに野生動物の殺戮現場となっている（写真b・e）。

このようなことから、動物の死体を探すなら尾根や斜面ではなく、沢を歩くことである。沢歩きと言っても、スポーツとして行なう沢登りは最上流部の沢だが、そのような最上流部の沢ではなく、上流部の沢がよいだろう。

だが、沢歩きは慣れた人でも非常に難しい。倒木、流木が沢を覆い、岩がゴロゴロしている。危険をともなうので二、三人以上で歩くようにしたい。雨の日や雨の日の翌日は鉄砲水があるかもしれないので、危険このうえない場所であることも知っておいてもらいたい。

山では沢ぞいで多く動物の死体を見つけられるが、轢死体は山ぞいの道で見つかる。

カーブではなく直線道路で多く見つけられる。動物たちも見通しのよい直線道路で道を渡ろうとするのだが、彼らは匂いをかぎ分ける鼻は優れているが、目はダメだ。まず、距離感を把握できないから、車が見えてから走り出て轢かれてしまう。イヌやアナグマ、ハクビシンの多くはバンパーではねられて即死する。

この直後に拾うことができれば、頭骨を組み立てることができる。しかし、多くの場合は何度も轢かれているので、腐らせて骨にしても、頭骨を組み立てるのはジグソーパズルの比ではなく難しい。動物の轢死体は、頭骨を完全に取るのは難しいが、胃の内容物を調べて何を食べているか調べるのには適している。

3

食べ痕は
サルの無実の証明

これは、どんな動物の食べ痕だろうか

「ここのトマトも、あそこのイチゴも……。サルが食べ散らかしている!」

と、家庭菜園で野菜をつくっている若夫婦は言う。平日は二人とも勤めに出ているので、週末や休日の畑仕事を楽しんでいるのだ。

ここは最近増えた都市近郊の山間近くの住宅地、山裾がすぐそばまで迫っており、初夏の暑いくらいの日差しもまわりの木々がやわらげてくれている。

ぼくは、案内されるまま、二メートル四方くらいの、まるで花壇のように小ぎれいにつくられたイチゴ畑を眺めた。食べかけのイチゴが無残に転がっている。

トマトの畝《うね》も見た。半分くらい齧られていたり、一回齧っただけのようなものまであった。サルもちゃんとわかっていて赤くなりかけたものを齧っている。

どうやら、ハナレザルが一頭でやってきて、トマトやイチゴを食い荒らしたようだ。

しかし、どうもおかしい。食べ痕がサルらしくないのだ。

サルの食べ方はだらしなく、非常にむだが多い。イチゴなら株ごと引き抜いてしまったり、トマトなら食べもしないのに枝ごと折ることが多い。そのため、野菜や果物を食い荒らしたあとの惨状を見ただけで、サルに対しての憎悪が生まれる。

でも、ちょっと待てよ、ここの畑ではわりにきれいに食べている。

トマトに残されている食べ痕の歯型を見た。

?・?・?・?

齧りかけのもう一つをもぎとってじっくり見た。

「これは、サルが食べたのではありませんね。サルの歯はぼくらヒトと同じですから、わりと大きめの切歯の痕が四筋つきますが、これは違うでしょう。それに、サルが食べたら、畑がもっともっとひどい状態になりますよ」

「では、何ですか？」

「ン……。サルではないことは確実ですが……」

そのとき、梅の木の根もとに真新しいイヌの糞のようなものが落ちているのに気づいた。そのなかには、イチゴのタネや葉もまじっている。

「わかりました！　犯人はハクビシンです。ハクビシンが食べたんです。だから、このようなはっきりしない小さな歯型がついているんです」


時々、サルに農作物を荒らされた、あるいはリンゴやナシ、カキを食べられたという訴えを聞くことがある。現場でサルを見ていないのだが、果実を食べたり農作物を荒らすのはサルかイノシシだろうと決めつけていることが多い。今回も、サルが野荒らししたという報告があったので、来てみたのだった。

サルの歯はぼくらヒトと同じで、切歯の数は上二対《つい》四本、下二対四本である。

試しに、羊羹《ようかん》を齧ってみてほしい。羊羹についた歯型の痕が、サルの食べ痕と同じなのだ。そして、それは下の歯の痕だ。上の歯は、支えとして羊羹を押さえているだけなのだ。

ヒトもそれ以外の動物たちも、食物を食べるときに動かすのは下のあごだ。これはとても大事なことなので、覚えておいてほしい。

サルはヒトのように切歯が大きく、一つの切歯の横幅が三〜四ミリあるので、二〜三ミリくらいの明瞭な歯型がつく。しかし、テンやハクビシンの歯は、飼いネコの歯のように一〜二ミリしかないので、歯型が不明確ではっきりしない。特に、イチゴやカキのようなやわらかい果実を食べたときには、さらにはっきりしない。

◉—ニホンザル（オス）の頭骨

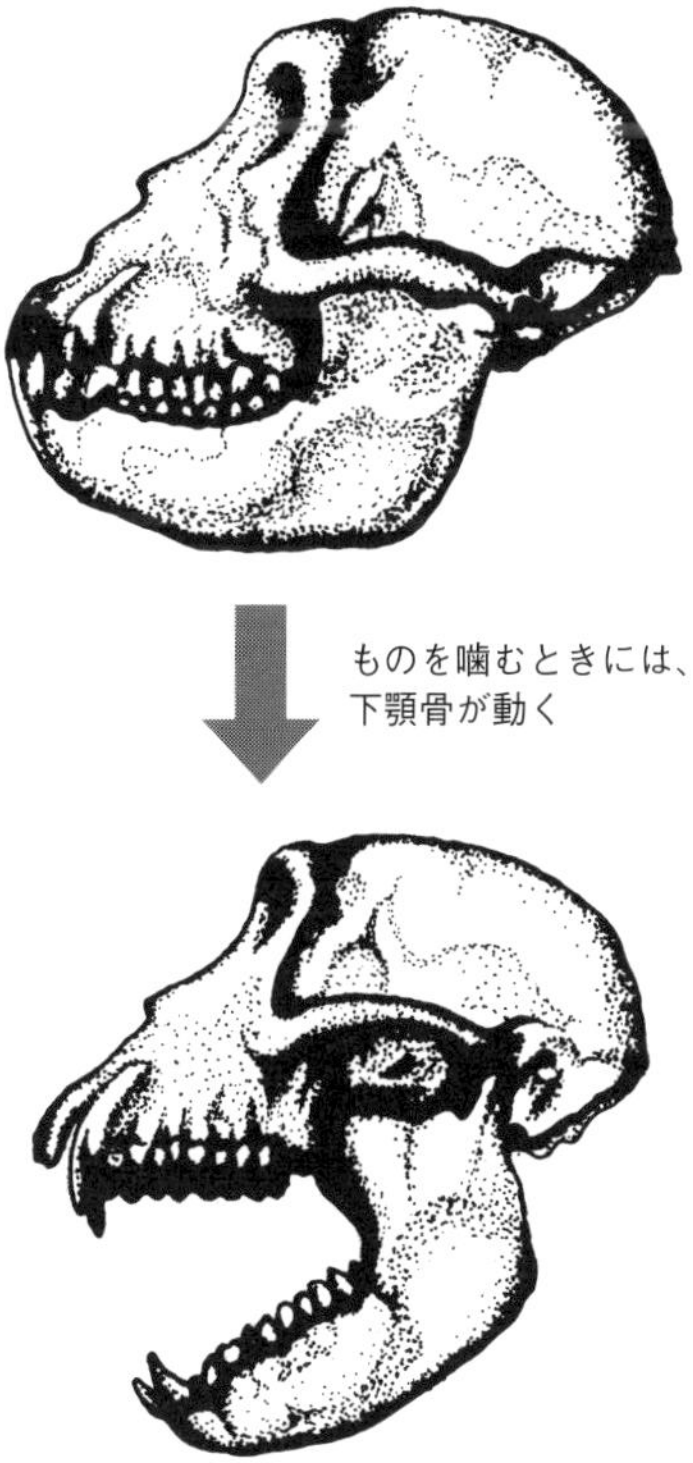

◉—真上から見た動物たちの下顎の前歯（切歯）

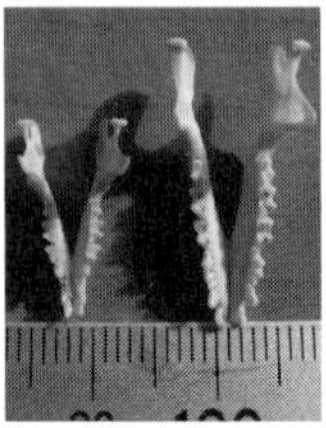
ヒミズ・モグラ

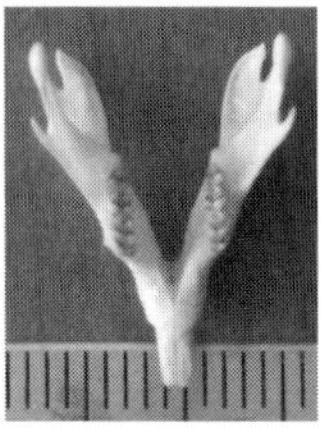
アカネズミ

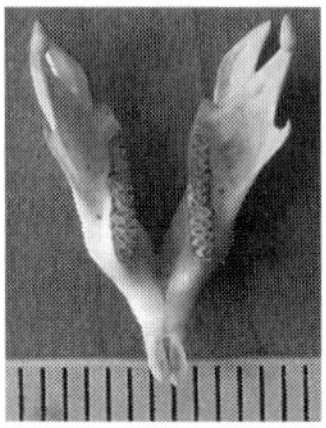
ハタネズミ

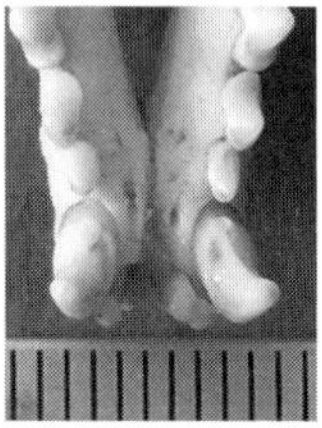
イタチ

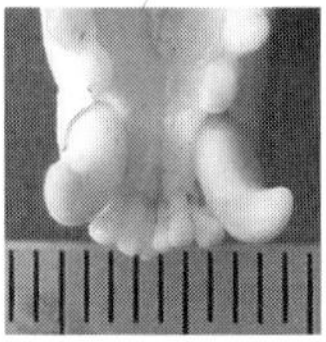
マングース

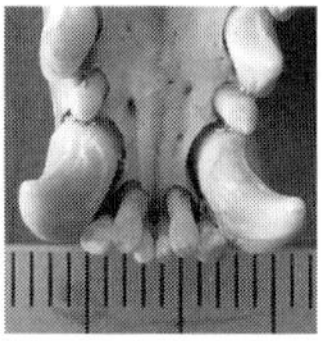
テン

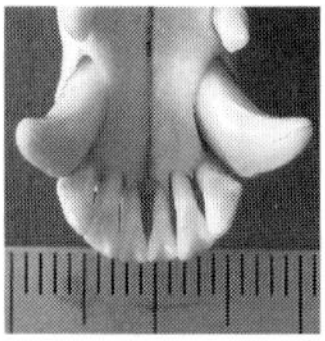
タヌキ

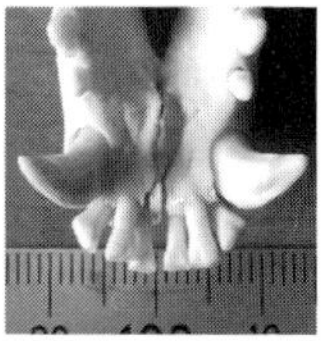
アナグマ

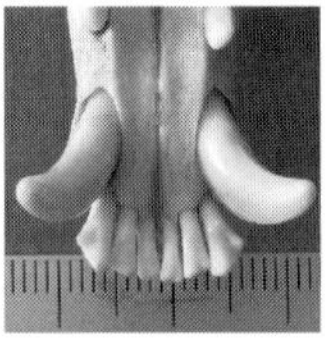
キツネ

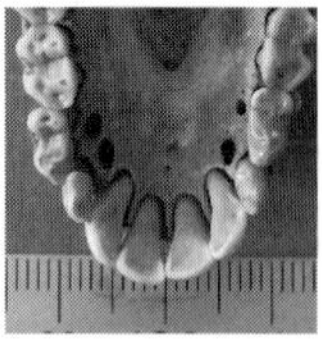
ニホンザル／メス

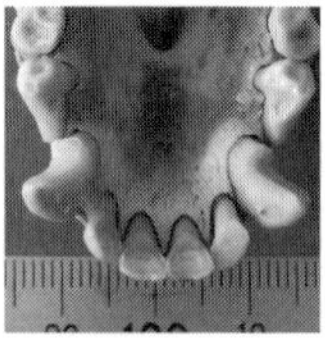
ニホンザル／オス

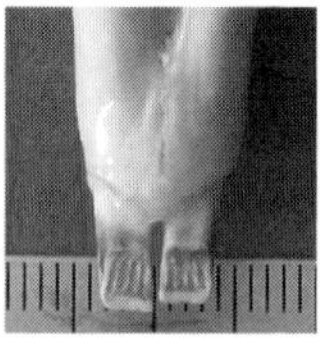
ノウサギ

シカ

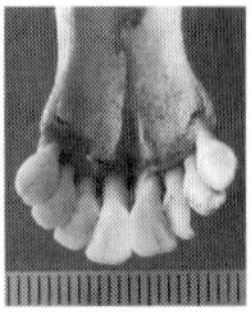
カモシカ

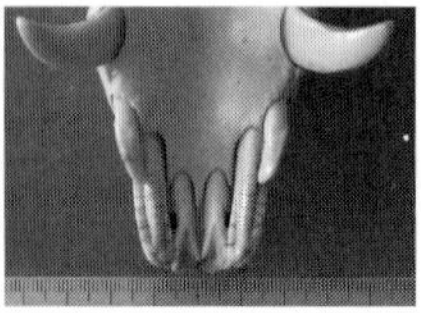
イノシシ

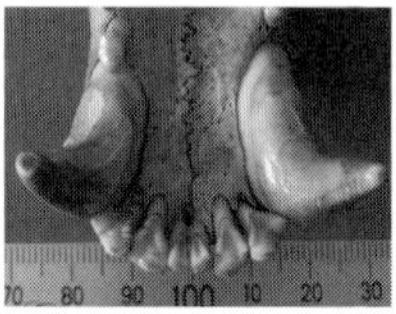

ツキノワグマ

動物たちは、まず切歯で果実や畑作物を齧りとる。

もっともサルが稲をたばねて食べるようなときには、口を横にして引きちぎったり、あるいは上下の歯で稲穂を梳《す》くようにするが、ここでは歯型がつく食べ方のことだけを取り上げる。

カボチャ、スイカ、カキ、タケノコ、ダイコン、トウモロコシあるいは、植林したスギの苗木、あるいは樹皮を剥がしてその裏にある成長するやわらかい形成層を食べた痕、木の新芽や新枝、さらにはアケビ、アオキの果実などには動物たちの歯型がしっかり残る。この歯型は下顎の切歯の痕だ。

農作物を荒らす動物たちの下顎骨の歯を拡大した写真を見てほしい。

ヒミズやモグラは作物の根を傷つけ、アカネズミやハタネズミは茎を齧り、イタチは農作物よりもニワトリやウサギを襲い、マングース、テン、タヌキ、アナグマ、キツネはイチゴやリンゴ、カキなどの果実畑を荒らし、サルはほとんどの作物、ノウサギは野菜、シカ、カモシカは野菜や果樹の皮や芽を食べ、イノシシはタケノコをふくむ根菜類や野菜、ツキノワグマは果実やトウモロコシをふくむ豆などの雑穀を荒らす。

イタチ、マングース、テンの切歯は、左右の犬歯の間にきゅうくつにはさまれていて米粒のように小さい。タヌキ、アナグマ、キツネ、サルや、ノウサギ、シカ、カモシカ、イノシシ、クマの切歯は、前に突き出すように並んでいて、しかもスプーンかシャモジのような形をしている。

この切歯の形と大きさが食べ痕の歯型に反映される。

シカやカモシカのスプーンのように前に並んで突き出している下の切歯は、樹木の幹の根もとに切歯を突き当てて、樹皮を剥ぎとって食べるのに便利だ。シカやカモシカによる樹皮剥ぎの被害は、このような食べ方に由来している（41ページ写真ⓒ）。

イタチやマングース、テンの小さな切歯は、先が真上を向いている。彼らはこの切歯を用いずに犬歯と臼《きゅう》歯《し》で果実を齧る。切歯を使うのは、地面に落ちている果実を拾ったり、虫をあさったりするときくらいだ。

サルの切歯は大きくて真上を向いているので、果実や根菜を食べるときは切歯でガブリと齧る（41ページ写真ⓕ）。

◉—横から見た、動物の切歯の咬み合わせ

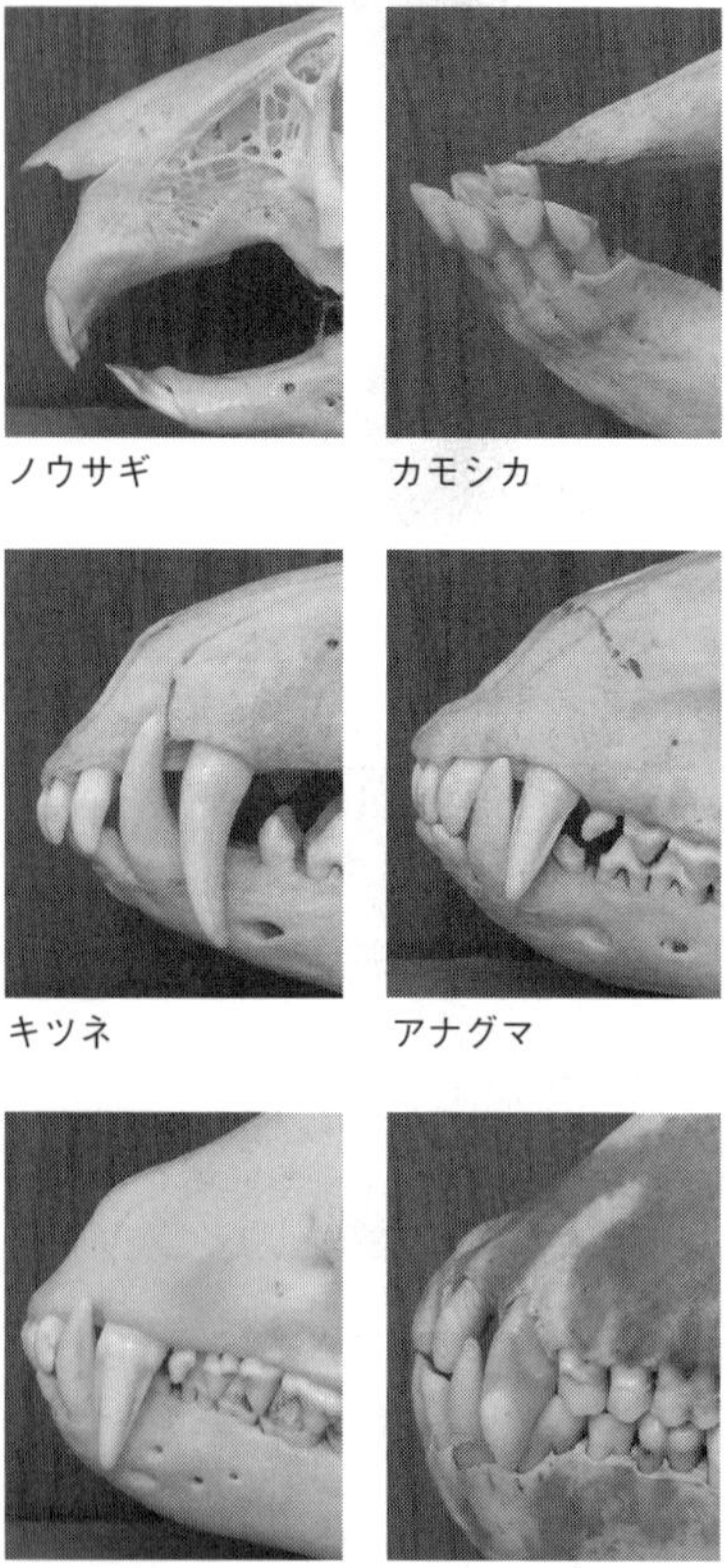

ノウサギ　カモシカ
キツネ　アナグマ
アライグマ　ニホンザル

◉—いろいろな動物の食べ痕

ⓐノウサギが直径5ミリくらいのクロモジの幹を斜めにカットした痕。ウサギが地面から伸びている草の茎や木の芽生えを噛み切るときの食べ痕は、斜めにナイフで切ったようにつく

ⓑムササビが樹幹でアオキの実を両手でまわしながら食べた歯型がついている

ⓒシカの樹皮剥ぎ。下顎の切歯で樹皮を根もとから剥がし上までひっぱって剥く

ⓓカモシカがミヤマシキミの葉を食べた痕。舌でからめてちぎりとる

ⓔシカがオオイタドリを食べた痕

ⓕサルがタマネギを食べた痕。タマネギを引き抜いて齧る

さらに切歯を横から、上下を咬《か》み合わせた状態で見てみよう。特徴的な切歯をもっているノウサギ、カモシカ、キツネ、アナグマ、アライグマ、ニホンザルを取り上げた（写真）。

ノウサギは下顎を左右に動かしながら、上の切歯とすり合わせて草の茎や若枝を切る。

シカやカモシカは上の切歯がないので、やわらかい草でさえ上手に噛み切ることができない。また、下の切歯は、もっぱら樹皮を剥いだり、細い枝を噛みとるときに用いる。普段、草や葉を食べるときには、舌でからめてちぎりとる。

キツネやアナグマは、下の切歯を上の切歯に押しつけて切る方式だ。

アライグマとニホンザルは、上と下の切歯をしっかり咬み合わせて噛み切る。

野菜などに残っている歯型の痕は、下の切歯の痕だというお話は先ほどした。

テンやタヌキなどの肉食動物が、ナシやカキあるいはスイカを食べるときには、六本並んでいる米粒状の小さい下の切歯を上の切歯にスライドさせるので、食べ痕は残るが歯型が不明瞭となる。

ノウサギの場合は、とがった下の歯の先を上の歯の摩擦面に擦るようにしっかり押しつけるため、一見ナイフで切ったような食べ痕になるのだ（41ページ写真ⓐ）。

ムササビはノウサギのような歯をもっているが、ムササビが食べたアオキの赤い実には、俵型の実を両手で持って、まわしながら食べた歯の痕がついている（41ページ写真ⓑ）。

動物の切歯の幅と形、つき方、口の動かし方がわかれば、食べ痕からどの動物が畑を荒らしたかがわかるだろう。そうすると、その対応策も違ってくるというものだ。

コラム

どうやって持って帰るのか？

死んだばかりのまだ腐っていない死体なら、いつも持ち歩いているカッターナイフで頭を首から切り離して、そのまま頭部だけを、これまたいつも持ち歩いているビニール袋におさめてザックに入れて持ち帰ることができる。

これが腐敗が進んでウジ虫がわいているような死体になると、現場で頭部を切り離すのは気持ちが悪い。現場に再び来られるような場所ならば、死体をできるだけ大きな石や木の枝で覆い、ウジ虫が皆、成虫になって飛び立ったころを見はからって採骨に来る。

もしくは、近くに沢が流れているなら、後ろ足をひっぱって沢まで行き、そこでウジ虫や腐敗した肉を洗い落とす。

丹沢で見つけたカモシカの死体

一度、女性編集者たちと五人で春の丹沢に山菜天麩羅パーティに行ったとき、腐敗が進んでウジがわいているカモシカの死体を見つけた。写真がそのときのものである。

すぐそばに水量あふれる早戸川《はやと》があったので、洗って持ち帰ろうとすると、全員の猛反対にあった。ぼくが死体を洗うのを見たくないのと（誰も手伝ってくれる気はなかったようだ）、臭いはすぐ慣れるから大丈夫だと話しても、彼女たちにとっては臭いが強烈すぎたうえに、たとえ洗ったとしても、本当にウジ虫をすべて取り去れるのか疑念があったのだろう。そして間の悪いことに、そのとき車を出していたのはぼくではなく、出版社の若い男性だったのだ。そばの木の枝に目印の赤布をぶら下げて一カ月後に来て回収した。

一カ月後には、ほぼ腐敗していて、川で洗ったら……臭いもさほどではなかった。

ああ、ほかの人にとられなくってよかった！

外国から動物の死体を持ち帰る場合は、晒《さら》してきれいな骨にするまでの日数がほとんどないので、多くは燻製《くんせい》にして持ち帰った。

キンシコウの調査で陝西《シャンシー》省の秦嶺山脈の山麓の農家に泊まりこんでいたときのことだ。骨休みの日があったので、ぼくは動物の死体を探しに山に入った。沢ぞいの山道を歩いていくとちょっと死臭がする。すぐ道下の岩の上に死んでいるテンを見つけることができた。足をすべらせたり、踏んだ岩が崩れたりして滑落死するのはシカやカモシカの仲間がほとんどで、テンははじめてだったので感激した。休んで居残っている学生や研究者たちにも鼻が高くなったような感じだ。

このテンの死因を考えた。滑落する場所ではない。とすると、岩場の上の道ぞいに生えている高木から運悪く落ちて打ちどころが悪くて死んだと思える。きっと、このあたりにはリスが多いので、樹上でリスでも追いかけ、勢いあまって落ちてしまったのだろう。沢ぞいは岩盤が剥き出しているところが多いので、腰でも打ちつければ骨折して歩けなくなる。もちろん、写真を撮り、現場で頭部を首から離して持ち帰る。その場で可能な限り、頬の肉や眼球、舌、脳を除去した。

中国では部屋の床下に煙を通して暖房している。

その火を焚いている暖炉の上に除肉したテンの頭骨をぶら下げて燻製にした。こうすると匂いは燻製のよい匂いだし、嫌な臭いの汁は出ないし、持ち運びに便利である。

二、三日燻《いぶ》すと食べたいほどのよい匂いだ！

この燻製運搬方法は、学生時代、タイワンザル調査で台湾に行ったときに、タイワンザルの燻製肉を持ち帰ったことから学んだ。

山を案内してくれた高砂族の猟師が、山中でタイワンザルを見つけると撃った。皮は剥ぎ、頭部は黒焼きにして、肉はそのまま燻製にした。ビニール袋の上で解体して出た血液は飯盒《はんごう》や鍋にとって、煮て食べた。サルの血は煮るとプリンのように固まり、鳥の肝臓のような美味しい味がした。この燻製にした肉をお土産として持たされて帰国したことから学んだのだ。

しかし、この燻製運搬法は持ち運びは便利だが、白い骨にすることが難しい。どうしても茶褐色の骨になってしまう。

写真は四年前に中国から持ち帰ったもので、カモシカの仲間の頭骨だ。肉を取りのぞくなどの処理をしていない状態だ。まだ、燻製のよい匂いがする。

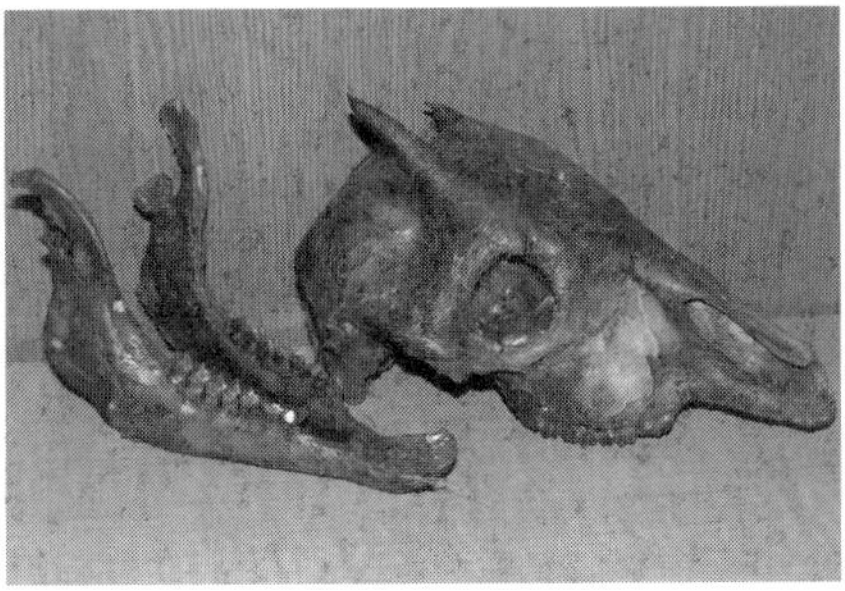

中国から持ち帰った燻製にしたカモシカの仲間の頭骨

4

田舎のネズミと都会のネズミ

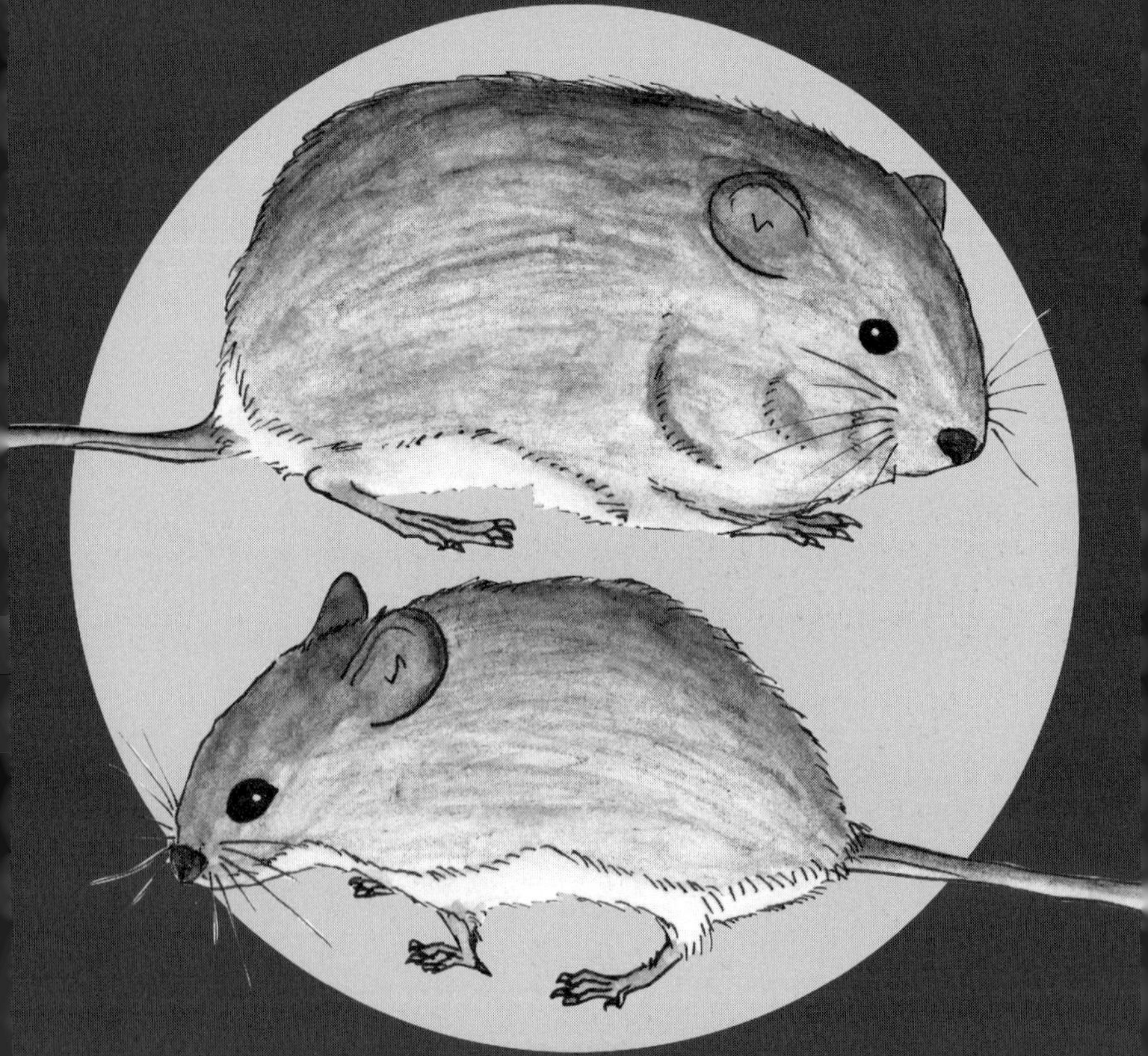

ウマのような顔というのは、長い顔のたとえである。

ウマやシカの顔は長い。一方、ネコやライオンの顔は丸い。それは頭骨でもはっきりしている（写真）。鼻口部（鼻と口の部分）の長さが、顔の長さを左右していることは一目瞭然だ。

しかし、それだけだと思っていたら大間違いだ。

タヌキの顔を思い出してほしい。大半の方々は、ネコのように丸い顔を思い浮かべたのではないだろうか？

ところが、タヌキの頭骨を見ると、ネコとは違って鼻口部が突き出ていて長いのだ（49ページ写真）。

なぜタヌキの顔は丸いというイメージなのだろう？

◉—長い顔と丸い顔

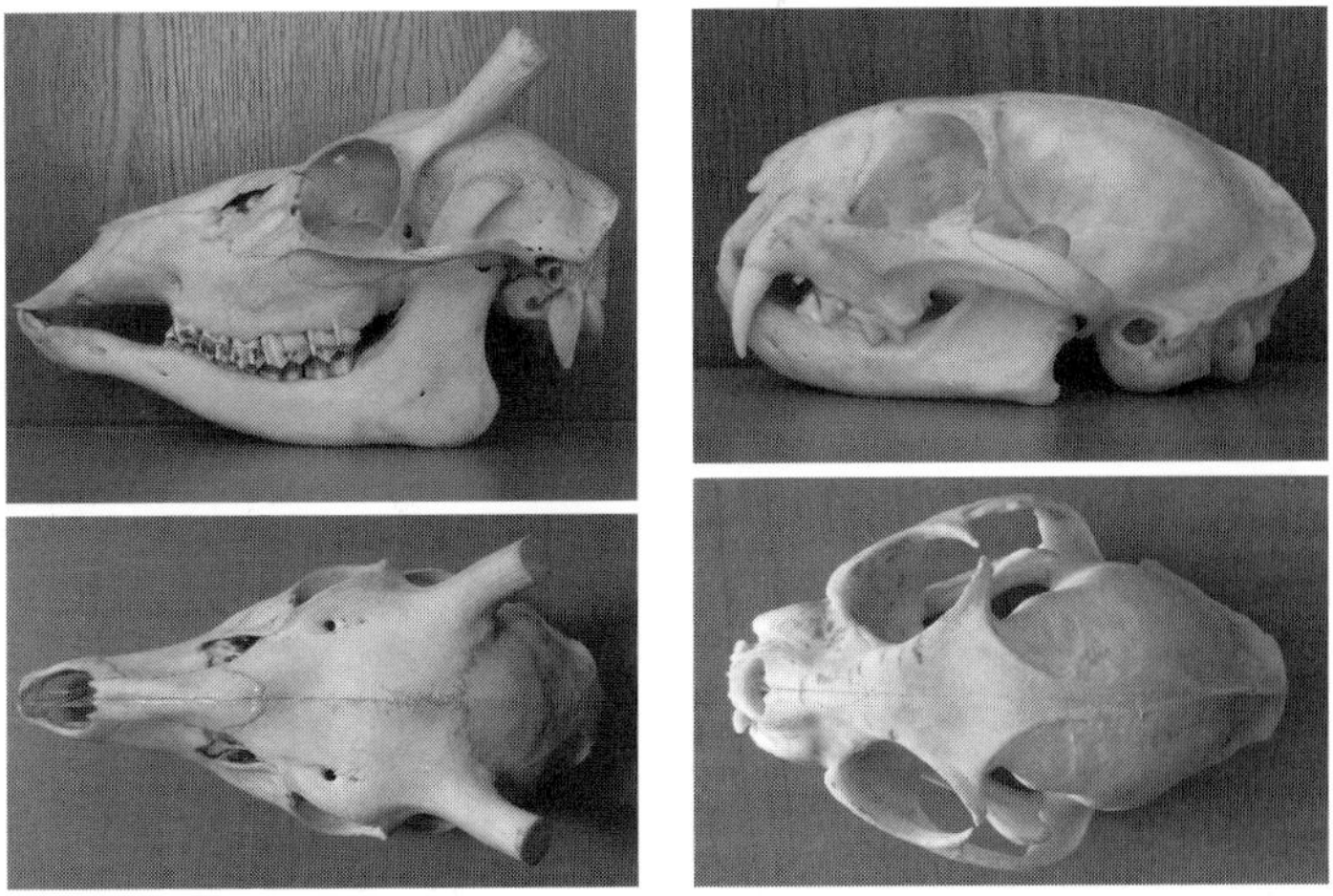

ニホンジカ（左）とベンガルヤマネコ（右）の頭骨を側面と正面から見た。長い顔と丸い顔の違いは頭骨でもはっきりわかる

その話の前にちょっとお勉強。

頬骨《きょうこつ》から突起が後方に伸び、耳の根もと付近にある側頭骨《そくとうこつ》から前方に伸びた突起としっかり結びついた弓状の骨が頬骨弓《きょうこつきゅう》だ（次ページ写真の矢印）。この頬骨弓に下顎骨を引き上げる、つまり食物を噛む筋肉（咬筋《こうきん》）が付着する。

堅いものを噛んだり、あるいは、強く噛まなければいけない動物では、この筋肉が太くなり、それに応じて頬骨や頬骨弓や側頭骨もガッシリしたものになる。

さらに、噛むために大事な筋肉がある。

コメカミの上を軽く押しながら、口を結んで歯を食いしばったり緩めたりしてほしい。筋肉が動いているのがわかるだろう。側頭筋という、噛むために必要な筋肉だ。下顎骨の筋突起と称される部分と頭頂骨や前頭骨の横にべったり張りついている（27ページ図）。

さて、タヌキの顔の形の話に戻ろう。

ネコやライオンなどの肉食動物は、ハンティングした獲物の息の根を止めるため、しっかり噛み殺さなければならない。そのため、大きな犬歯を獲物の喉に食いこませることができるように、咬筋が強く発達している。タヌキも肉食動物なので、咬筋が発達して分厚くなっている。その筋肉を支えるために、頬骨弓も横に張り出ている。それで丸い顔に見えるのだ。

タヌキによく似た動物にアライグマがいる。

アライグマは、テレビアニメの影響ですっかり人気者になり、ペットとして飼育する人が増えた。が、大人になると凶暴性を発揮するので、飼いきれなくなって山野に放したり、あるいは檻を破って脱走したりで、今、全国どこの市街地でも、タヌキ以上にアライグマが目立ってきている。交通事故にあうのもアライグマが多くなっている。

アライグマは、タヌキ以上に今の日本の市街地で暮らすのに適しているようで、側溝などに棲みついたり、タヌキがこれまで生活していた地域でもタヌキを追い出して生活しているようだ。

タヌキはイヌ科だが、アライグマはアライグマ科で、アメリカ原産の移入動物だ。

身体の大きさも顔も、タヌキとアライグマは非常に似ている感じがするが、実はいろいろと違っている。

たとえば、アライグマの手足の指はヒトや

◉—タヌキは丸顔？　アライグマは？

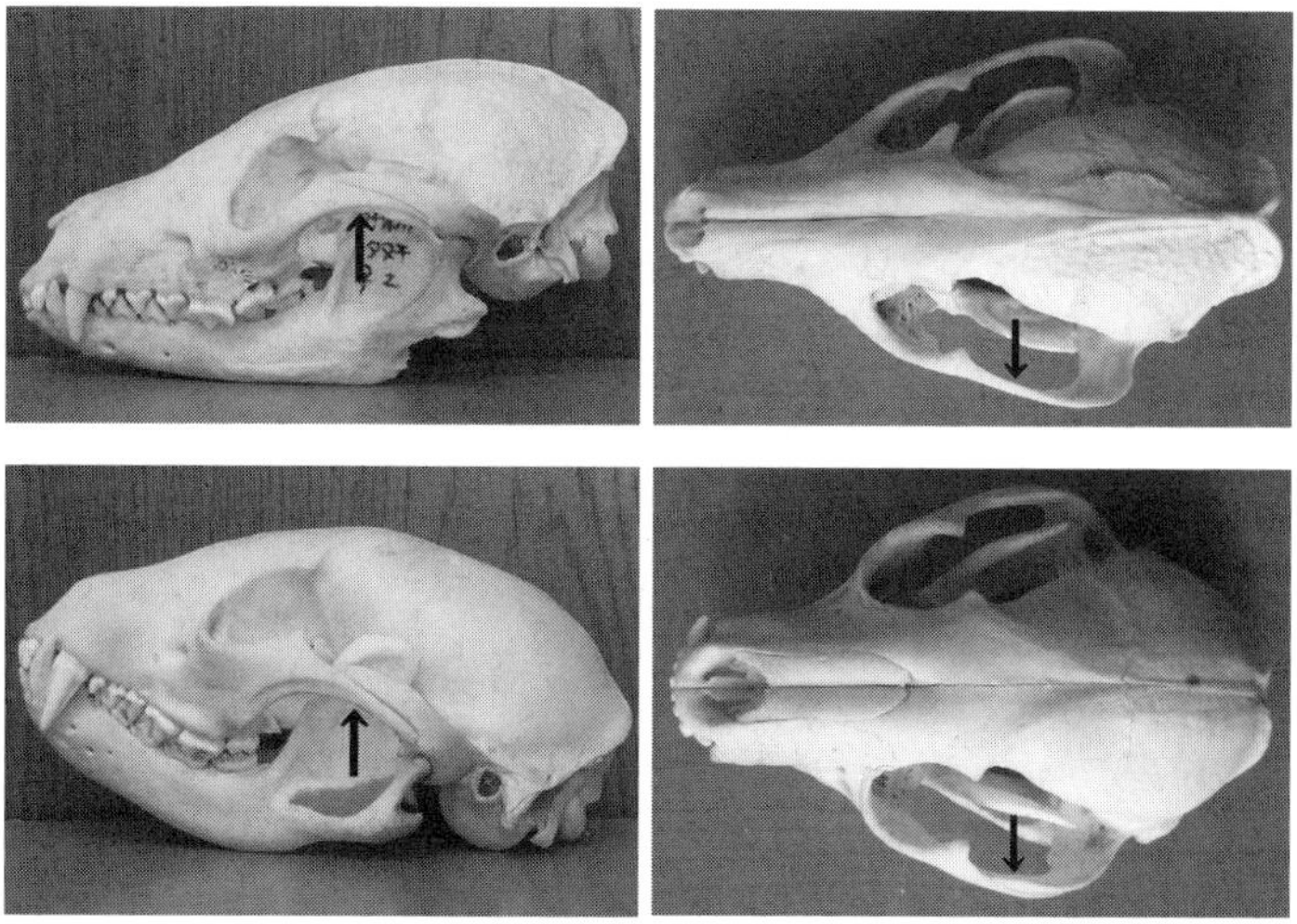

タヌキ（上）やアライグマ（下）は、鼻口部がネコより長いのに、丸顔のイメージがある。なぜだろう？　矢印は頬骨弓をさす

サルのように長く、両手を使ってものを持つことができるが、タヌキの指はイヌやネコと同じで、とてもアライグマのような芸当はできない。

さらに、頭骨を見ると、その違いは一目瞭然だ。

アライグマの頭骨はタヌキよりも一回りも二回りも大きく、骨も厚く頑丈だ。犬歯が大きいばかりではなく、頑丈な頬骨弓が横に大きく張り出している（49ページ写真）。これは、それだけ分厚い咬筋や側頭筋という噛むために必要な筋肉が付着したり、おさまっていることを意味している。

これでは、タヌキとアライグマの勝負は目に見えている。タヌキがアライグマに追い出されて、生息場所を乗っとられるのもうなずける。

ネコの頭骨で見たように、頬骨弓が横に張り出すと鼻口部分が短くなる。

頬骨弓の横の張り出しと鼻口部の長さとの関係を、齧歯目の動物たちでも見ることができる。

日本に生息する齧歯目の動物は、誰が見ても「ネズミ！」と思うネズミ科の動物たちと、リスやモモンガ、ムササビのようなリス科、ヤマネのヤマネ科の動物たちの三つに大別される。

ネズミの顔は長くて、リスやヤマネの顔は丸いという印象はないだろうか。その違いはネズミたちは鼻口部分が長いのに対し、リスやヤマネは短いということだ。

事実、頭骨を見ると、ドブネズミやアカネズミは鼻口部分が長いが、リスやモモンガは短い。

しかし、リスやモモンガの顔が丸く見えるのはそれだけが理由ではない。

上から頭骨を見るとネズミたちの頬骨弓は横に張り出していないが、リスたちのは横に張り出している（写真）。これが顔が丸く見える原因だ。

もっとはっきりと頬骨弓が張り出して、顔が丸くなっている例をネズミ科の仲間で見ることができる。

齧歯目ネズミ科は、ドブネズミやハツカネズミなどのネズミ亜科と、ハタネズミやヤチネズミなどのハタネズミ亜科に分けられる。

ネズミ亜科のネズミは、ドブネズミやハツカネズミに代表されるように、人の生活のなかにとけこんで、人が食べるものなら何でも食べる。

しかし、ハタネズミ亜科のネズミは、住宅地周辺では見られない。彼らはおもに森や野原に棲み、木の皮や草や地下茎や根や種子などを食べている。

ピーターラビットの絵本を読んだことのある人は多いだろう。作者ビアトリクス・ポターの動物の絵は、ほのぼのとしているだけでなく、動物の姿が非常にリアルに描かれ

◉―齧歯目の頭骨

ドブネズミやアカネズミの鼻口部は長いが、リスやモモンガは短い。モモンガをのぞいて標本作製の仕方と保存状態が悪く頬骨弓の一部が脱落している

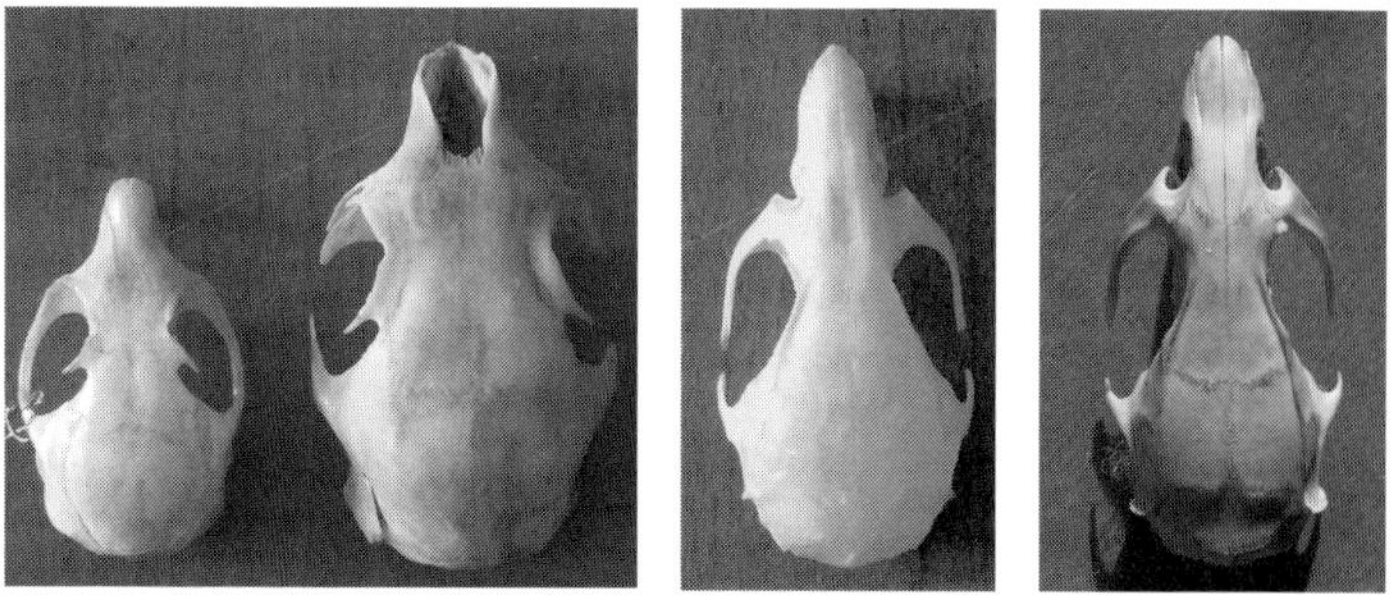

アメリカモモンガ　リス　アカネズミ　ドブネズミ

ている。

先日、本を整理していたら、同じ作者の『まちねずみジョニーのおはなし』が出てきた。田舎の尾の短いネズミが野菜を入れたカゴに入ったまま都会まで運ばれ、そこで都会のネズミたちに出会い、またカゴに入って田舎に戻るというお話だ。この田舎のネズミは尾が短くて町のネズミに笑われ、ベーコンを出されても口に合わず、木の根や野菜しか食べたことがないというのだ。

ビアトリクス・ポターが描いた絵を見ると、田舎のネズミは鼻口部が短くて、顔が丸く、尾が短く、ハタネズミ亜科のネズミの特徴を表わしている。

田舎のネズミ（右）は顔が丸くて、町のネズミ（左）は顔が長い
『まちねずみジョニーのおはなし』（ビアトリクス・ポター著、福音館書店）より

◉—ドブネズミ（左）とハタネズミ（右）

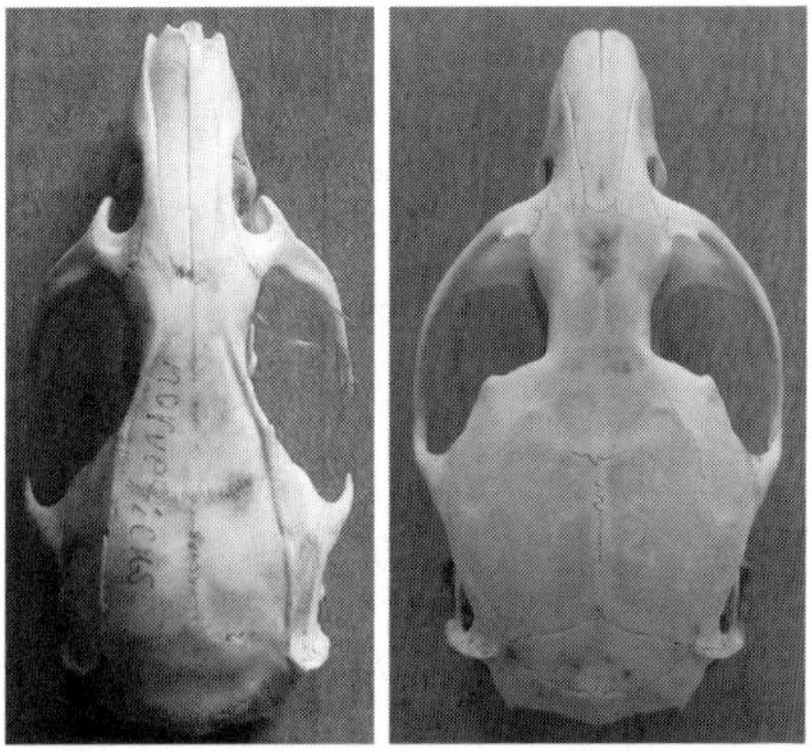
ドブネズミ（都会のネズミ）は、頬骨弓が張り出しておらず、鼻口部が長い。ハタネズミ（田舎のネズミ）は、頬骨弓が張り出していて、鼻口部が短い

ドブネズミ（ハツカネズミと同じネズミ亜科）とハタネズミ（ハタネズミ亜科）の頭骨の写真を見てほしい。ドブネズミは鼻口部が長く、頬骨弓は横に張り出していないが、ハタネズミは鼻口部が短く、頬骨弓が横に張り出している。

これが、ビアトリクス・ポターが描く、顔の丸い田舎のネズミと顔の長い都会のネズミの違いなのだ。では、なぜ、都会のネズミは鼻口部が長いのだろうか。

ネズミたちの咬筋には三つのタイプがある。左の図を見ていただくとおわかりのように、①と②の、頬骨弓の外側の横と前部に張りつく咬筋と、③の頬骨弓の内側を通る咬筋だ。

③の内側咬筋は齧歯目に特有の咬筋で、ちょっと信じられないことだが眼窩《がんか》のなかを通り、上顎骨《じょうがくこつ》の前面に大きく広がった眼窩下孔《がんかかこう》というトンネルを通って鼻口部分に付着している。

眼窩下孔は、ヒトやサルでは目の下あたりにある小さなトンネルであり、脳神経でもっとも大きな三叉神経や血管の通り道になっていて、顔面の表情や動き、口のなかや歯茎や鼻のなかの感覚をになっている。

都会のネズミのドブネズミやハツカネズミには、②の外側咬筋と③の内側咬筋があるが①の外側咬筋がない。

◉—ハタネズミの咬筋

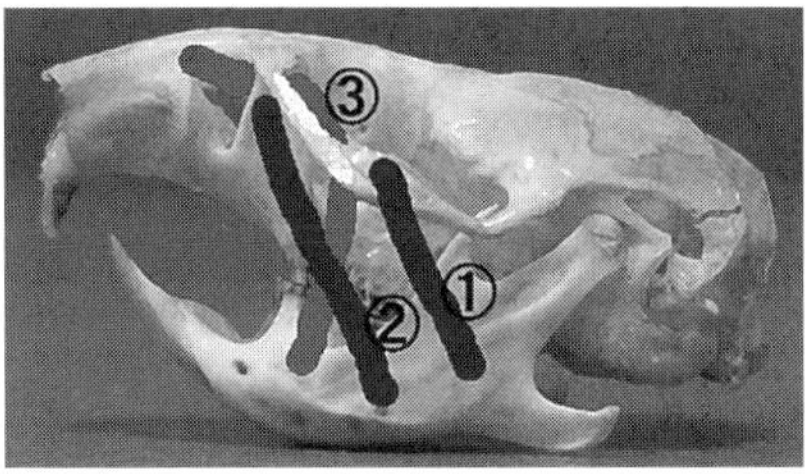

①と②が外側咬筋、③が内側咬筋。①は下顎骨から出て頬骨弓に付着する。②は頬骨の前の平らな部分に付着する。③は頬骨弓の内側の眼窩を通って、眼窩下孔から出て上顎骨や前顎骨の鼻口部に付着する。③のような咬筋のつき方は齧歯目特有のものである

田舎のネズミのハタネズミの仲間は、①②の外側咬筋が頬骨弓の前と横に分厚く張りつく。このため、顔がより丸く見える。これは、タヌキの顔がネコと同じように丸く見えるのと同じことだ。
田舎のネズミたちは、イネ科の草やタネ、木の皮、根、堅果などを食べられるように進化して、頬骨弓が横に張り出し、前部が広くなって、二つの外側咬筋がたくさんついたのだ。
それにしてもビアトリクス・ポターが、実にしっかりと動物の形態や行動を観察していたことに、今さらながら驚いている。

コラム

——骨って何？

動物の体の大半の成分は水だ。

ゾウリムシやアメーバのような単細胞動物では、体の水分と外界を分けているのは細胞膜で、キチン質や珪酸質の殻を備えているものもいる。

複雑な体の動物になると、水からなるやわらかい体を維持していくには、自分の体を頑丈な殻に入れるか、あるいは頑丈な支えが必要になる。

ハエ、アリ、カブトムシなどの昆虫やエビやカニなどの甲殻類は、自分の大事な部分をキチン質でできた外骨格という殻に包んで、内臓をふくむやわらかい組織を守っている。あるいは、ホヤやイソギンチャクやヒトデなどの棘皮《きょくひ》動物は、炭酸カルシウムでできた小さな骨片で体を支えている。

ぼくらヒトのような脊椎動物は、体の真ん中を貫く支柱としての骨（脊柱）があり、そこに手や足や頭がついていて、背骨や首や手足の骨には、そのまわりを覆うように筋肉がついている。これらの骨を昆虫などの外骨格に対して内骨格という。頭骨だけが昆虫や甲殻類などの外骨格のように、脳というやわらかい組織を囲って守っているのだ。

動物やヒトの骨は、手足や身体や尻尾や頭の支えであるとともに、筋肉や靭帯《じんたい》および血液や神経系の助けを借りて運動する器官でもあり、組織や器官の役割が違うように一つひとつの骨すべての形が異なっている。

イヌならイヌ、リスならリスのそれぞれの骨はどれも異なっているが、たとえば左右にあって、同じ機能をもっている上腕骨《じょうわんこつ》は、左右相称で類似した形の骨である。さらに、イヌの上腕骨もリスの上腕骨も同じ役目をになっているので似た形をしている。それはヒトも同じだ。

つまり、イヌのそれぞれの骨の形を熟知している人ならば、遺跡で発掘された人骨の一部が人間のどの部分の骨であるかを言い当てることができるし、登山道を歩いていて見つけたキツネやタヌキの糞のなかにまじっていた小動物の骨が、何の動物の骨かを同定できなくても、どこの骨なのかはわかるのだ。

実はぼくはこのように、動物の種が違っても、身体の部分を形づくる骨の相似形の面白さに魅惑されたのである。

コラム

骨が先か中身が先か？

家をつくるとき、多くの場合は、土台の上に柱を乗せ、その柱に梁《はり》を渡し、屋根を乗せ、壁がつくられる。そして、水道や下水まわりが配管され、ガス管や電気が配備され、最後に内装となり、テーブルや椅子などの調度品が置かれて人が住める家となる。

つまり、建造物をつくるには、まずその骨格となる柱を最初につくらなくてはいけない。

しかし、昆虫や甲殻類もそうだが、外骨格ができてからなかの体ができていくわけではない。中身ができたあとに外側が堅いキチン質などの骨で覆われてでき上がる。

カニなどの甲殻類の成長にともなう脱皮は、古い堅い殻を脱いだと思ったら、出てくるのはやわらかいままの体だ。時間がたつにつれて、しだいに外側の殻が固くなっていく様子は、蛹からチョウやセミが生まれるのを見たことがある人ならわかるだろう。

まったく同じように、ぼくらヒトの背骨も手足の骨も頭骨も、中身（体の軟組織）ができてから、徐々に堅い骨が形成されていくのである。

小学校の理科の時間に、メダカやカエルの卵の発生を観察したことのある人は多いだろう。最初に目ができ、心臓ができていく。目ができ、トクトク動く心臓ができても、骨ができていないのは当たり前の話だ。しかし、なぜかぼくらは建物をつくるイメージから「まず骨格が先にできる！」と考えがちである。

特に、頭骨を見た場合、頭骨という決まった形があって、そのなかに、目や口、耳や脳がおさまっていると思ってしまう。

しかし、実際は、目や脳や血管系や神経系ができてから、それらを取り囲むようにして、しだいに頭骨がつくられていく。

だから、生まれたばかりの赤ん坊は脳がまだ完全にはできていないので、大きくなる余地を残すため、頭のてっぺんは開いているし、左右の前頭骨や頭頂骨もしっかりくっついておらず余裕がある。

余談になるが、北京オリンピックで中国の女子の体操選手の年齢が問題視された。なぜ問題視されたかというと、その選手の体の小ささとやわらかさが際立っていたからである。

骨の成長は年齢と関係していて、子どものときは、骨が伸びるため、骨の端が骨化して硬くなっていない。だから身体を弓のように反らすことができるのだ。

年齢を経るとともに、しだいに骨がつくり上げられ、最後にはがっちりとした硬い骨になる。今度は逆に、歳を経るにつれて関節などの骨がすり減っていき、膝痛や関節痛の原因となる。

5

オトガイが出ていると歯が弱い？

往年の名優カーク・ダグラスの男らしさはオトガイにある

オトガイ（頤）とは顔のどの部分のことか、ご存じだろうか？最近めっきり使われなくなった身体の名称の一つでもある。中学時代に、カーク・ダグラスというハリウッドスターに憧れた。受け口ではないが、下あごがちょっと突き出た感じで、口元がきりっとしまっている。つまり、オトガイ（頤）が突き出ているから口がしまって見え、それがすごく男らしく思えたのだ。

歯が弱いこととオトガイが突き出ていることに関係がありそうだと気づいたのは、頭骨を集めはじめて動物たちの歯に興味をもってからだ。

集めたモグラやモモンガ、ウサギ、コウモリ、サル、タヌキ、ネコ、イヌ、シカ、イノシシなど一六〇個以上のどの頭骨を見ても、虫歯で苦しんだような痕がない。

ぼくらヒトでは、出っ歯になったり、乱杭歯《らんぐいば》になったり、あるいは、歯周病で歯が抜けたりして、歯医者の世話になることが多い。しかし、動物たちのどの頭骨にも、虫歯や乱杭歯や歯周病で抜け落ちてしまったような痕跡を見つけることができない。動物たちの歯の特徴は、歳をとった個体の歯が、神経にまでさわってさぞかし痛かっただろうと思えるほど、ひどくすり減っていることである。

歯が出てくる部分を歯槽《しそう》といい、ヒトやニホンザルには、切歯二本・犬歯一本・小臼歯二本・大臼歯三本が出てくる左右八個ずつの歯槽があり、その下の下顎骨《かがくこつ》の本体となる下顎体とを分けることができる。

◉—ニホンザル（左）とヒト（右）の下顎骨

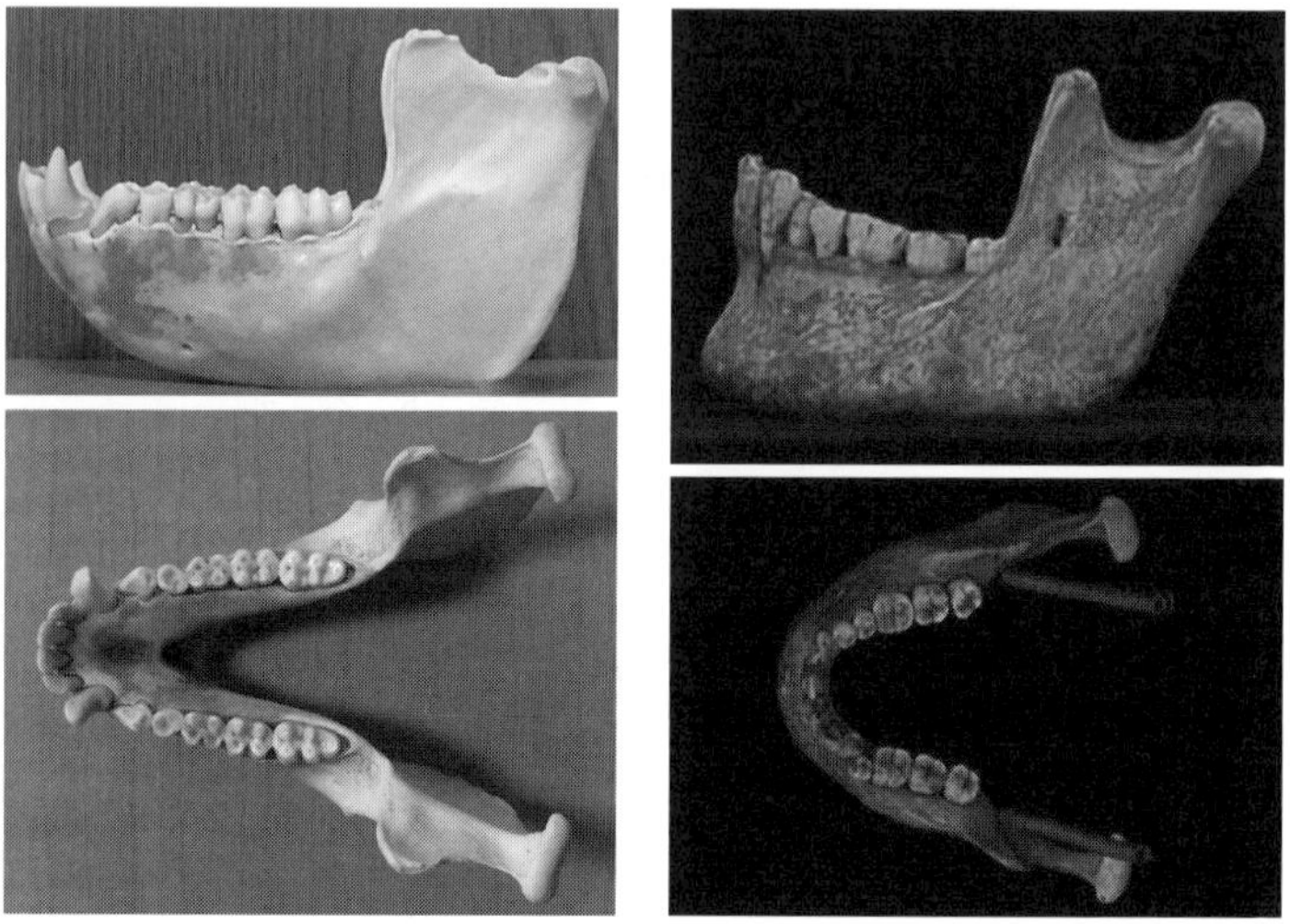

ヒトは、歯槽部分が後退しているため、下顎体が取り残されてオトガイとなる。ニホンザルは、歯槽部分が下顎体の前に出ている（ヒトの写真は DEPT. ANATOMY, DOKKYO MED UNIV.〈http://1kai.dokkyomed.ac.jp/mammal/〉より）

◉—下顎骨の名称

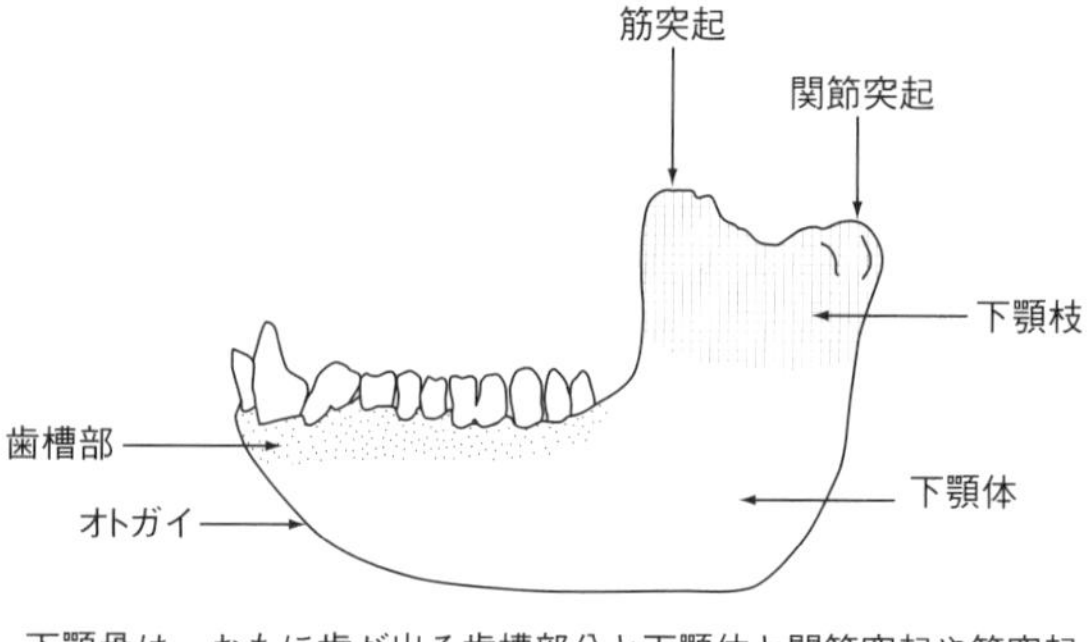

下顎骨は、おもに歯が出る歯槽部分と下顎体と関節突起や筋突起が出る下顎枝よりなる

ヒトとニホンザルの下顎骨を比較すると、ヒトは下顎体が前に突き出ている（写真）。この部分をオトガイという。しかし、サルでは逆に、歯槽部分が前に突き出していることがわかる。

なぜ、ヒトの下顎骨はこのように、歯槽部分よりも下顎体が前に出ているのだろうか？

まず、モグラの仲間からウシの仲間まで、ぼくが持っている動物たちの頭骨の下顎骨の一部を見てみることにしよう（62ページ写真）。

これらの動物たちの下顎骨はすべて、切歯が出ている部分が下顎体よりも前に出ている。

さらに下顎骨を上から見ると（63ページ写真）、ネズミの仲間とサルの仲間をのぞく動物たちは、歯槽と下顎体が一直線に並んでいる。

サルでは歯槽部分が舌側に入りこんでくる。つまり、下顎体の上に歯槽が載っている。つまり、このために、歯槽全体が口内に後退するような感じになる。この歯槽の下顎体の舌側への入りこみは、ニホンザルやアカコロブスの狭鼻猿類《きょうびえん》のサルたちに強く表われている。これが曲鼻亜目のサルであるショウガラゴでは、ほかの哺乳類と同じように歯槽は下顎体と一直線に並んでいる。

ヒトの下顎骨だけが、下顎体が歯槽部分よりも前に突き出しているためにオトガイが形成されているが、これはサル的段階のころにすでにその徴候があったと言える。

さらにオトガイが形成されたのは、サルからヒト化への進化の過程における食物の摂取の仕方の大きな変化によると考えられている。

◉—動物たちの下顎骨を横から見る

霊長目とイノシシ以外の下顎骨は、左右の下顎骨を木工ボンドで接着している

■トガリネズミ目

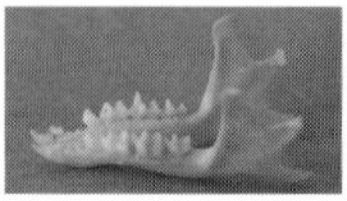

ヒミズ

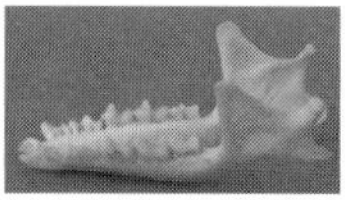

アズマモグラ

■齧歯目

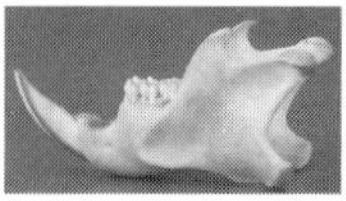

アカネズミ

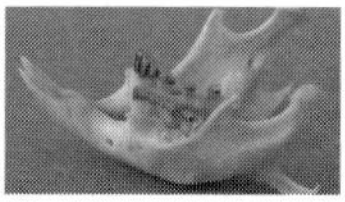

ヤチネズミ

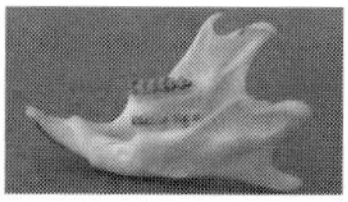

ハタネズミ

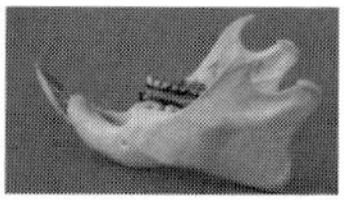

アフリカオニネズミ

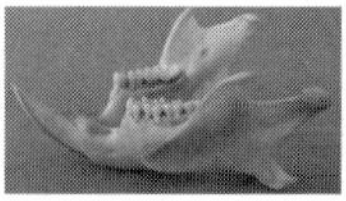

リス

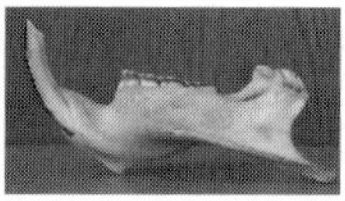

ヌートリア

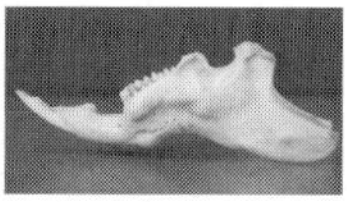

モルモット

■翼手目

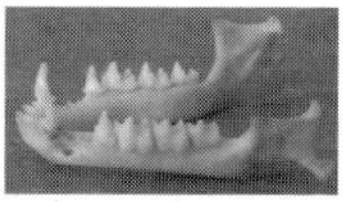

ヤマコウモリ

■兎目

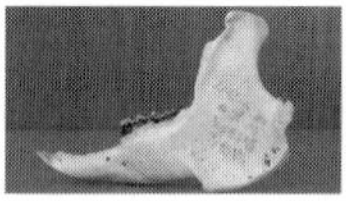

ノウサギ

■霊長目

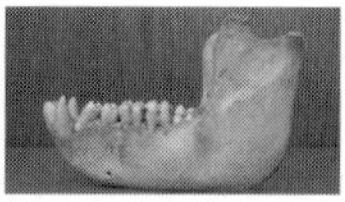

ニホンザル

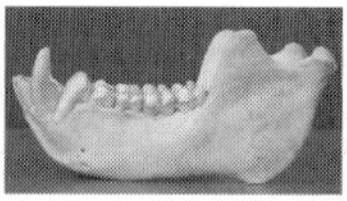

サバンナモンキー

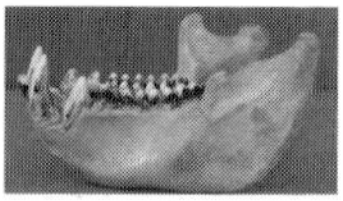

アカコロブス

リスザル

■食肉目

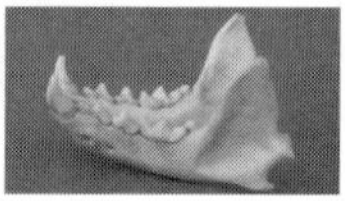

イタチ

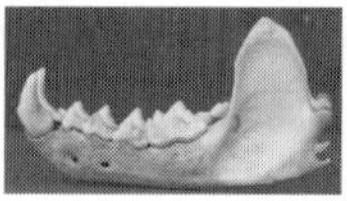

テン

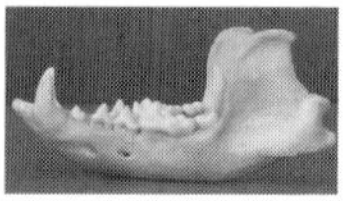

アナグマ

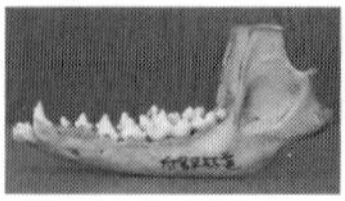

タヌキ

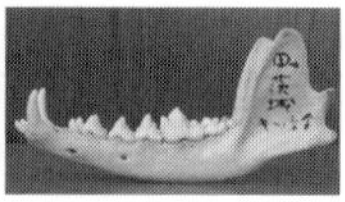

キツネ

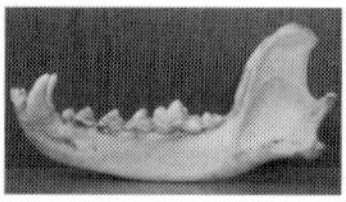

イヌ

ツキノワグマ

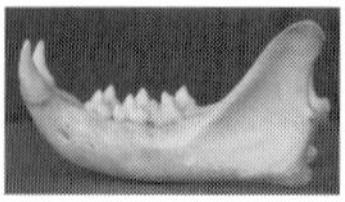

ネコ

■鯨偶蹄目

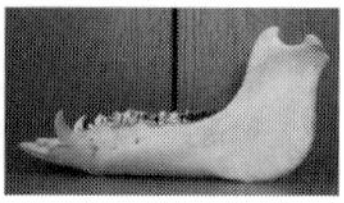

イノシシ

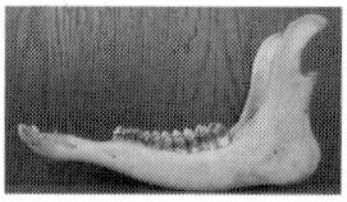

シカ

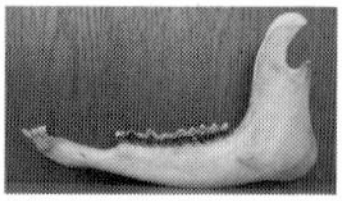

カモシカ

◉—下顎骨を上から見る

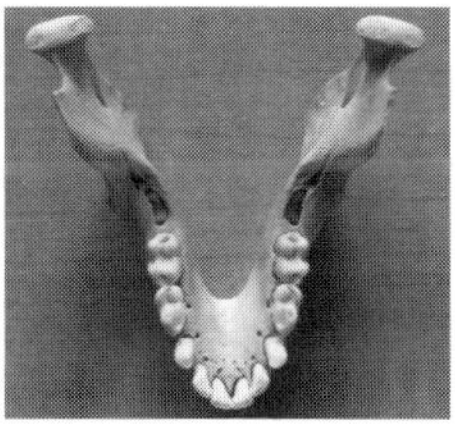

ニホンザル6カ月

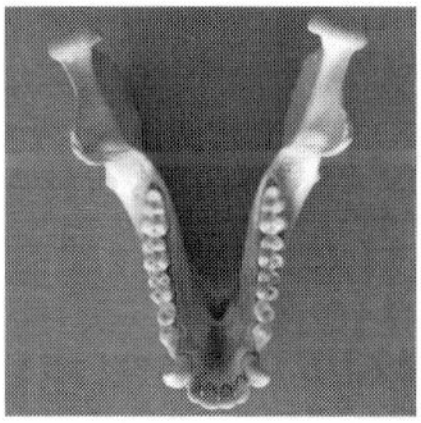

ニホンザル

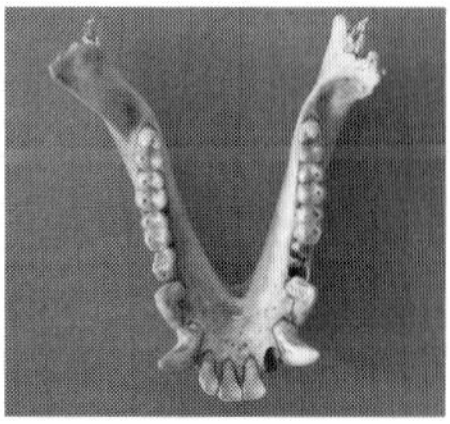

アカオザル

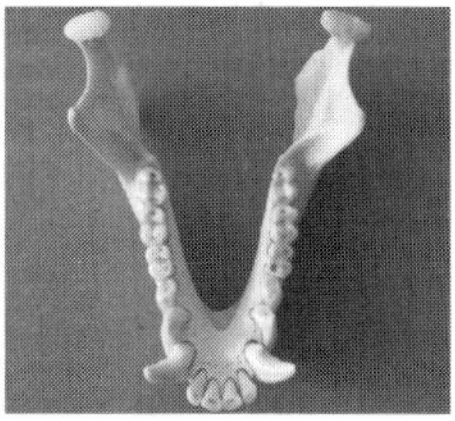

サバンナモンキー

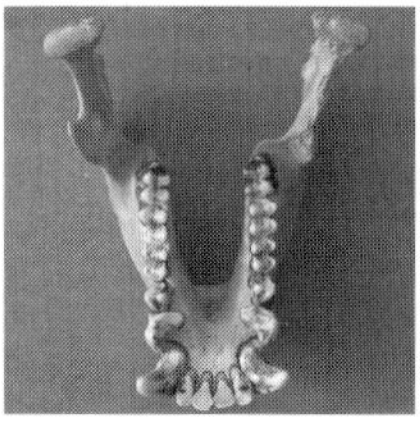

アカコロブス

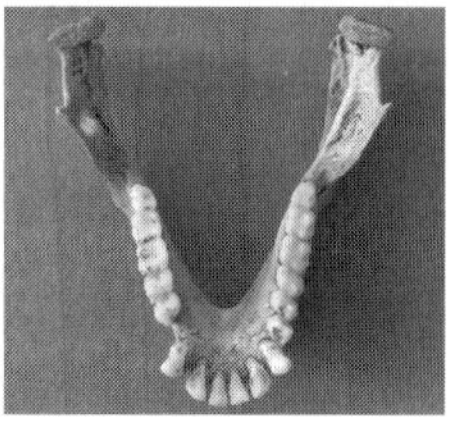

リスザル

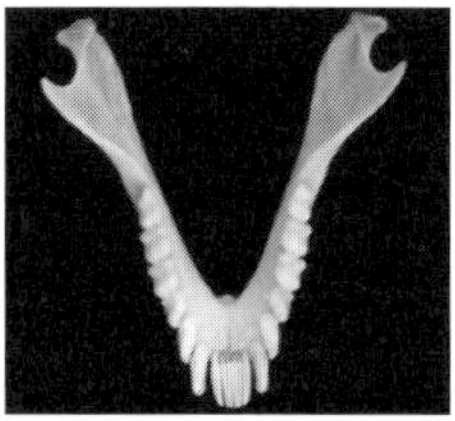

ショウガラゴ

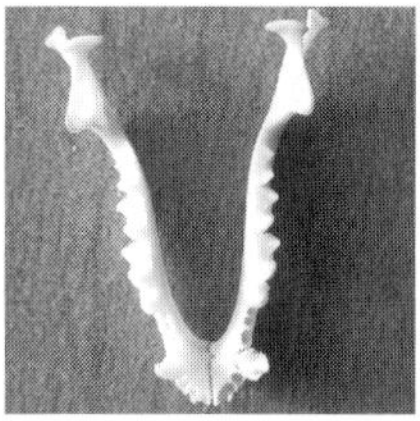

ヤマコウモリ

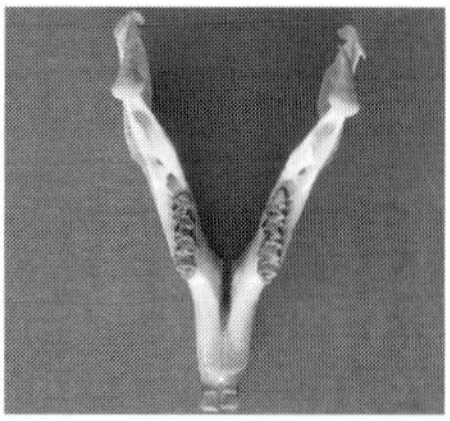

ノウサギ

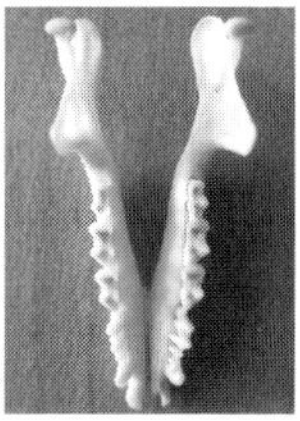

アズマモグラ

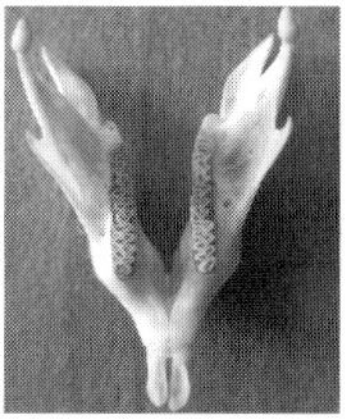

ハタネズミ

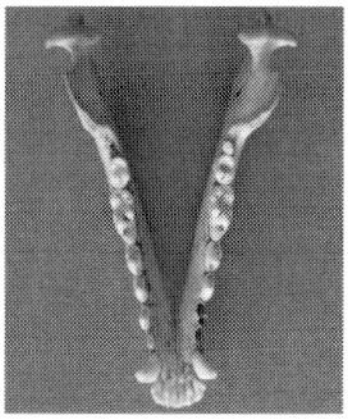

タヌキ

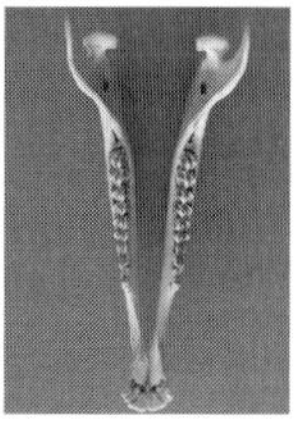

ニホンジカ

ショウガラゴはDEPT. ANATOMY, DOKKYO MED UNIV.〈http://1kai.dokkyomed.ac.jp/mammal/〉より

ヒトは、手や道具を使って動物や植物などの食物を獲得し、さらに道具によって食物を解体したり切断したり、さらには火を用いることで、焼いたり煮たり蒸したりした物を食べるようになった。野生の動物たちなら、歯で獲物を捕まえたり、噛み切ったり、噛み砕いたりして、口内で咀嚼・分解し、胃腸内で消化して栄養を摂取しなければいけないのに、ヒトは、それらの大半を道具を使って口の外で行なうようになったのだ。手を使って食物を小さく分けたり、道具を使って小さく切ったり、焼いたり、煮たりすることで、あるいはチーズや納豆、酒のような発酵食物をつくり出すことで、食物の咀嚼、分解や消化を口外で行ない、歯や口を使わなくてすむのだ。

動物の頭骨で変わらないのは脳頭蓋《のうとうがい》の部分であって、赤ん坊から成長して大人になってもその形にはあまり変化がない。もっとも変わるのは顔面頭蓋と言われる鼻口部分である。草食であれば鼻口部が前に突き出し、肉食であれば短くなるというように、食物の種類や採り方、咀嚼・消化の仕方で顔面頭蓋の形が変わる。動物たちの頭骨のなかで、下顎骨をふくむ顔面頭蓋と言われる部分が三分の二くらいを占めるが、ぼくたちヒトでは、三分の一くらいである。

猿人と言われる初期人類のときはまだ切歯をふくむ歯が発達していて、オトガイがなかった。が、現代人になってオトガイが出るようになった。それは、歯を使わなくなったために、歯が不要となって歯が小さくなりだして歯槽が後退したが、これらの変化が急速であるため下顎体が取り残されたからだと考えられている。

ヒトが食物の採取や咀嚼に歯や口を使わない傾向はますます強くなり、チューブ式の練り状の宇宙食のような栄養食品まで市販されている。しかも、そのような食物のカスが歯に付着することで虫歯になりやすく、やわらかいものを食べるため、歯根と下顎骨や上顎骨などの骨との結びつきが弱くなり歯がぐらぐらして歯周病に罹ることになる。

まず第三大臼歯（親不知）が不要となり、次には上顎の第二切歯と下顎の第一切歯が欠如し、第二小臼歯や第二大臼歯の欠如と進み、最後には上下の犬歯だけが残り、未来人においては一本も歯がなくなることが予測されている（後藤、一九九四）。

この進化の流れを断ち切ることができるだろうか？

食事の楽しみ方も変わっていくのだろうか？

未来人は歯がないので虫歯になったり、歯周病になったりしなくなるのだろうか？

ぼくが中学生のとき感じたカーク・ダグラスの男らしさは、歯が消失していくヒトの将来を暗示したものであるのだ。

コラム

骨はカルシウムの貯蔵庫

「行く川の流れは絶えずしてしかももとの水にあらず」という鴨長明の『方丈記』をご存じの方は多いだろう。続いて「……世の中にある人と住家と、またかくの如し」とあるが、これを「……動物や人の骨をふくむすべての細胞と、またかくの如し」と変えても面白い。

皮膚は見ることができるので、古い皮膚は垢として剥がれ落ち、新しい皮膚にとって代わっていくのは小学生でも知っている。しかし、なぜか骨は変わらないものと思っている人が多い。

骨は絶えず変わっているのである。

骨は骨芽《こつが》細胞によってつくられ、破骨《はこつ》細胞によって吸収される。

体内のカルシウムが少なくなると、破骨細胞によって骨が破壊・吸収されて、血液によって必要なところに運ばれていく。

通常は、骨芽細胞と破骨細胞がバランスよく機能しているわけだが、たとえば妊娠すると胎児に多くのカルシウムが必要になり、妊婦の破骨細胞が活発になって骨質がもろくなる。これが骨粗鬆《こつそしょう》症《しょう》である。

また、老齢化によって、必要なカルシウムを摂取できなかったり、運動不足によって骨芽細胞の働きが悪くなったりすると、必要な箇所にカルシウムを送るために破骨細胞が働くことになり、骨粗鬆症を引き起こす。

ぼくは二度、カルシウム不足によって手足の筋肉が引きつったことがある。

最初は、タイワンザルの調査のときだ。山から戻ってホテルに着いたら安心したのか風邪気味となり、症状が出たのである。テタニー症というカルシウム不足による病気だったのだ。手足の指の筋肉まで引きつる、とんでもなく痛い病気だ。

もう一度は、箱根・湯河原のサル調査からアパートに戻ったら、やはり風邪気味となり、テタニー症になったのである。

水泳をしたり、ランニングをしたりすると、腿の筋肉や足の指が引きつることがあるが、それが手足の全部の筋肉に起こるような感じで、全身をエビのように曲げてたえるよりない。スポーツドリンクに似た体液に近い成分のリンゲル液をうたれるとスーッと治る。

骨はカルシウムの貯蔵庫の役目をになっていて、血液中のカルシウムが不足すると破骨細胞が働いてカルシウムが血液中に運ばれる。二〇歳ころのぼくの身体は、疲れるとどうもその調節作用がうまくやれなかったようだ。

6

サルは腰かけ姿勢がいちばん楽

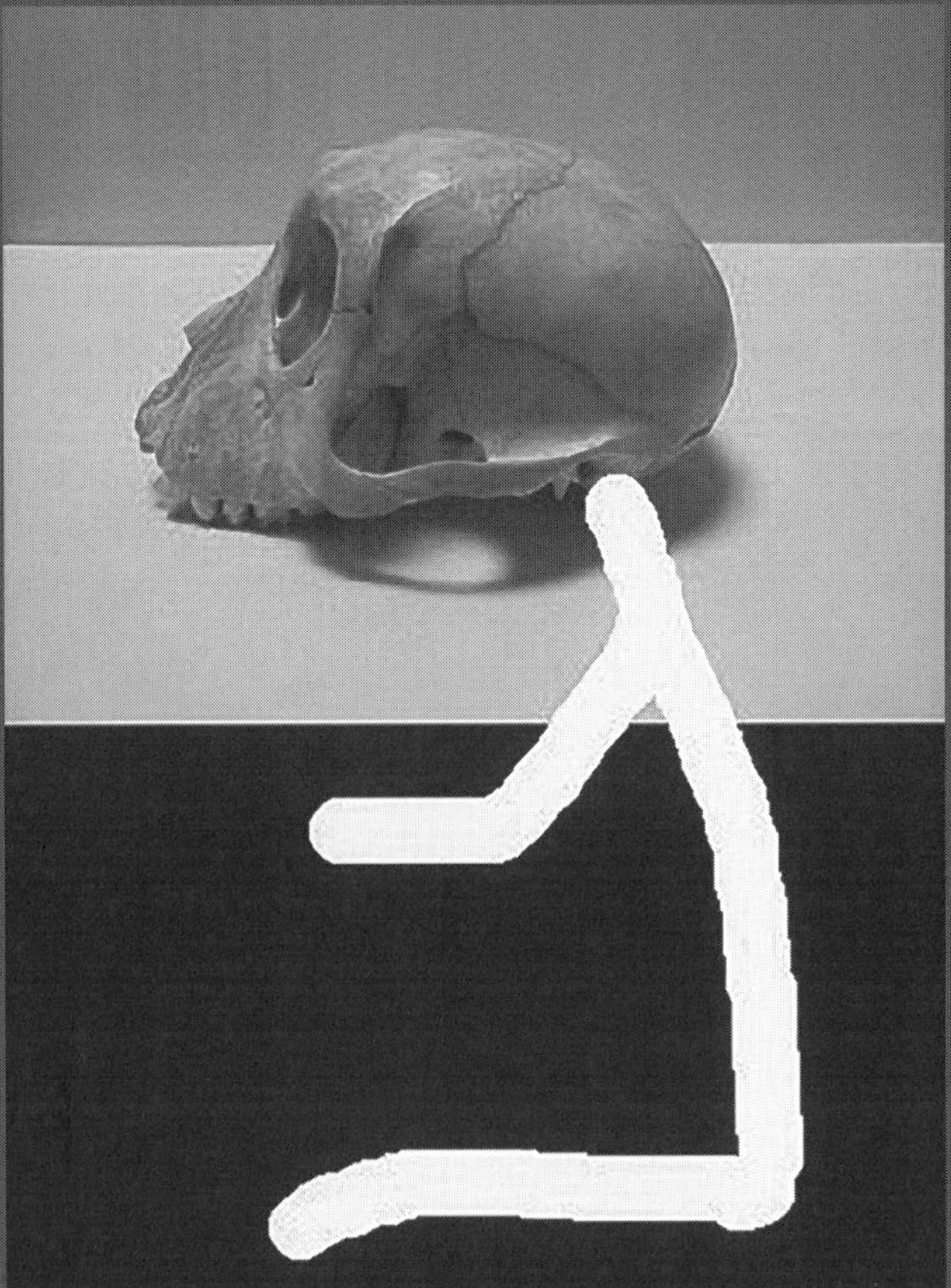

これがサルにとっていちばん楽な姿勢だ

動物たちが休息するときの姿勢をご存じだろうか？

ペットを飼っている人たちなら、イヌやネコは、寝ているときは背中を丸めてお腹を抱えるようにして、横向きの姿勢をとっていることを知っているだろう。ウマやウシもそうだ。ちょっとした休息のときには、エジプトのギザのピラミッドの前にあるスフィンクスのような姿勢をとる。これは少し緊張している姿勢でもある。

しかし、サルは休息しているとき、横向きで背中を丸めるようなことはないし、スフィンクスのような姿勢をとることも少ない。たいていは尻をつけて座る姿勢をとる。

木の上で座る。岩の上で座る。

四足で立っているよりも、携帯座布団とも言える尻ダコを利用して座るのが、彼らにとってもっともリラックスした姿勢なのである（写真）。

互いに気持ちよさそうにグルーミング（毛づくろい）をしているときや、されているときも座っている。ぼくらヒトは、公園でベンチに腰かけたり、家でソファーに身を沈めたりし

◉—くつろいでいるときの姿勢

グルーミングされているのは３歳に成長したグシャオ（102ページ参照）。めずらしいスフィンクス姿勢をとっている

グルーミングするほうもされるほうも座っている（伊豆半島の波勝崎で）

て休息するが、サルは木の枝に座って寝ることが多い。ほかの動物たちではありえない姿勢だ。

なぜ、サルたちは休息するときに座るのだろう。

アズマモグラとニホンザルの歩く姿勢を、頭骨を用いてイラストで表わした下の図を見てほしい。

アズマモグラは進行方向に顔を向けると、首や背骨が地面に水平になっているが、ニホンザルが進行方向に顔を向けて四足歩行すると、背骨は地面に水平だが、首はL字状に曲げなければならない。なぜ、首をL字状に曲げなければならないかというと、頭骨に首がつく大孔《だいこう》という穴の位置がニホンザルとアズマモグラでは違うからである。

すべてのサルの仲間は、大孔が頭骨の底のほぼ真ん中あたりに開いている。しかし、ほかのすべての哺乳類の大孔は頭骨の後ろにある（次ページ写真）。

ぼくらヒトもサルの仲間で、大孔が頭骨の底にあり、そこに首がつくので、前を向いて赤ちゃんのハイハイのように四足歩行をする

◉—アズマモグラとニホンザルの歩く姿勢と首の関係

アズマモグラをふくむ哺乳類の大半の大孔は頭骨の後ろにあるが、ニホンザルたちの大孔は頭骨の底の中央付近にある。そのため、ニホンザルは首をL字状に曲げて歩かなければならない

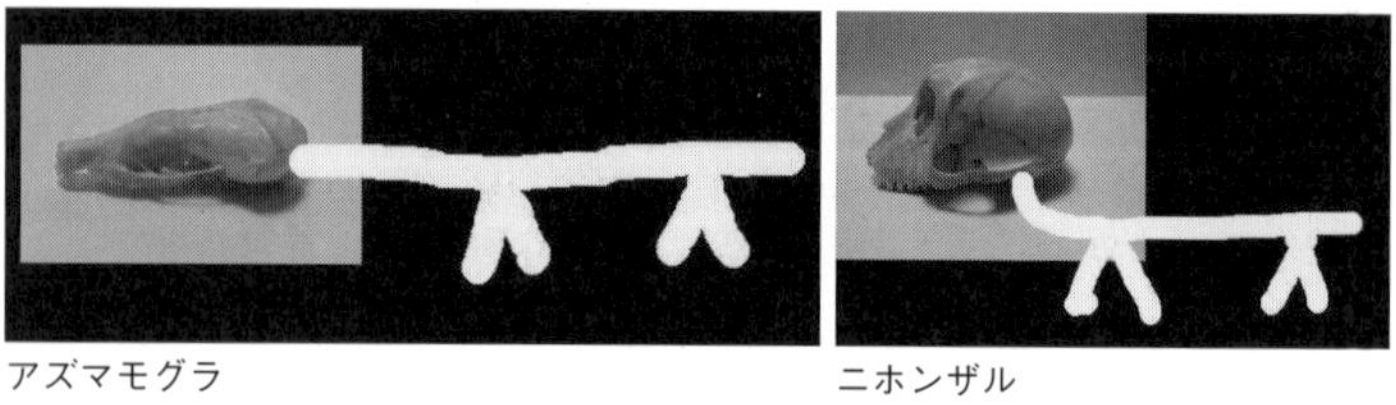

アズマモグラ　　ニホンザル

◉―いろいろな動物の大孔の位置

サルの仲間の大孔は頭骨の底の中ごろに位置するが、モグラをふくむすべての動物では大孔は頭骨の後ろに開いている。ノウサギは少し前に開いているように見えるが、後ろの部分は頭頂骨から張り出た項稜である（「16　首が頑丈な動物たち」参照）

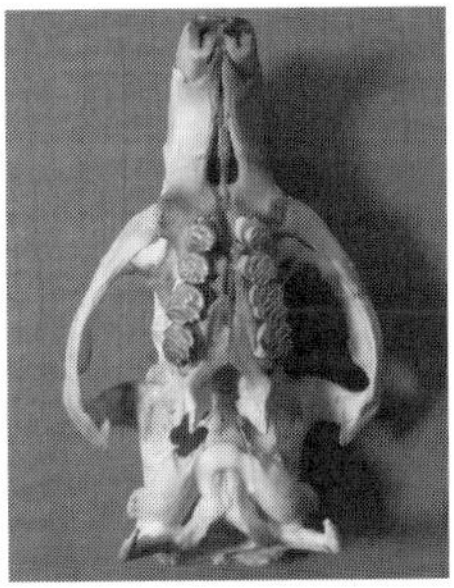

ヌートリア

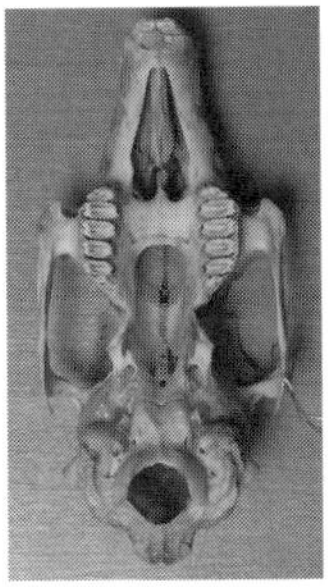

ノウサギ

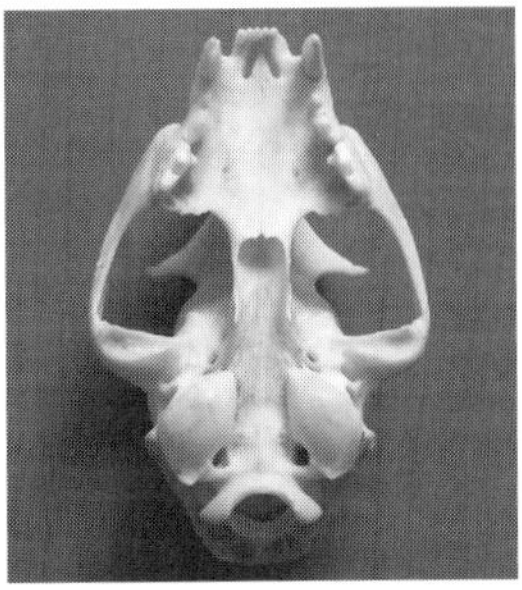

ネコ

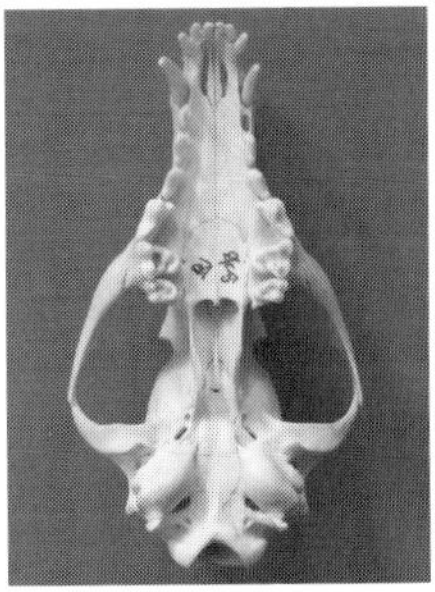

キツネ

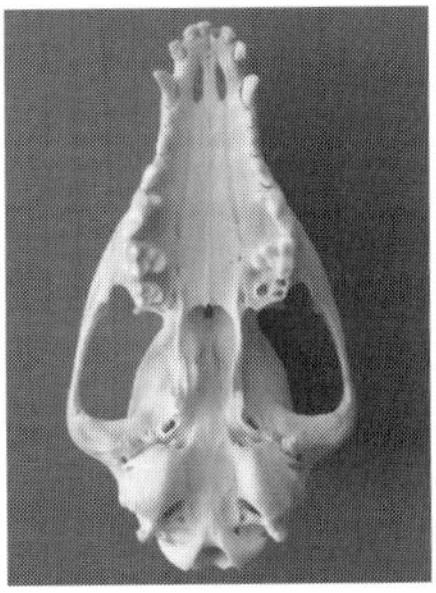

タヌキ

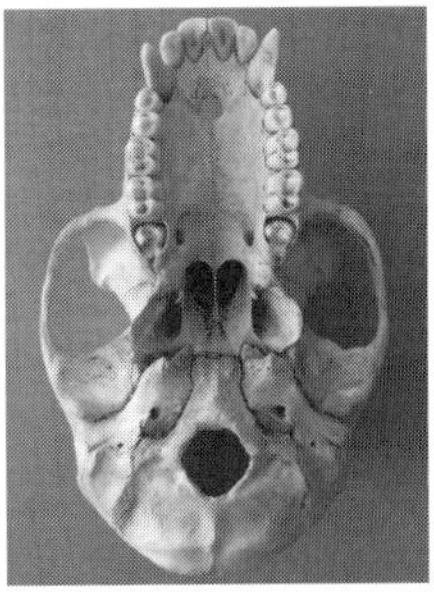

ニホンザル

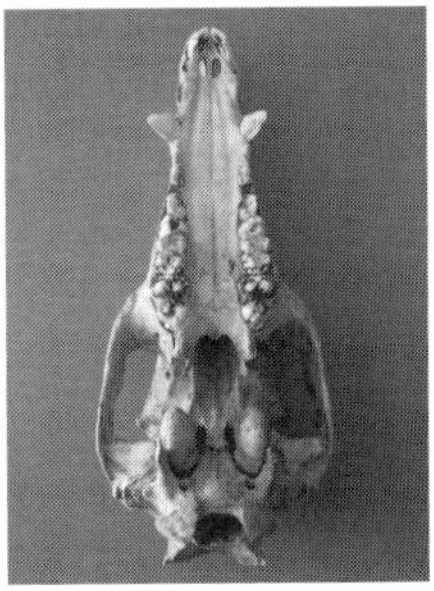

イノシシ

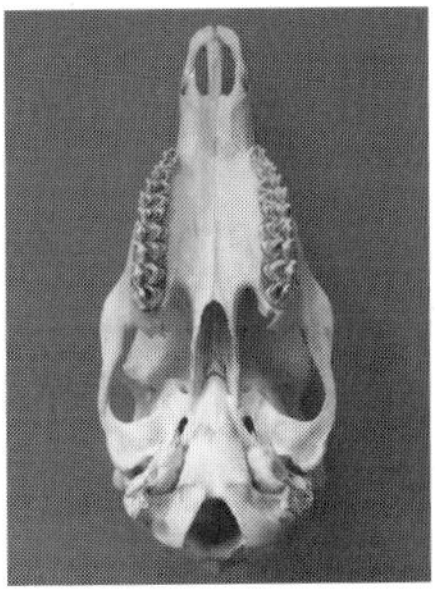

シカ

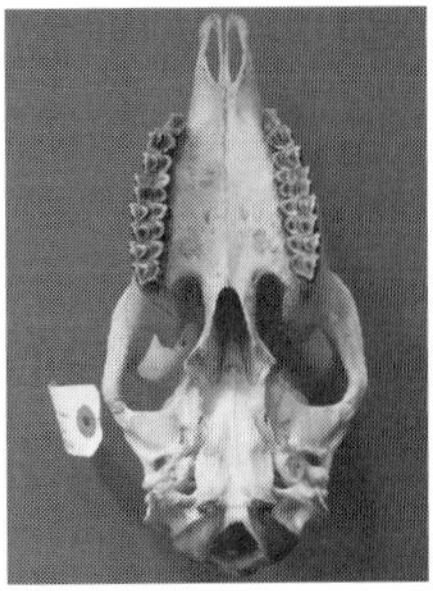

カモシカ

と、五〜六メートル歩くだけで首が痛くなる。

サルは地面を歩くときも、樹上を歩くときも四足歩行をしている。つまり、歩いているときも走っているときも、いつも苦しい姿勢で首に負担がかかっているのだ。

休息は楽な姿勢をとることだから、今までL字型に曲がっていた首をまっすぐにしたい。それには、大孔と首と背骨をまっすぐにすることだ。それが座る姿勢なのである。

◉—ニホンザルの座る姿勢

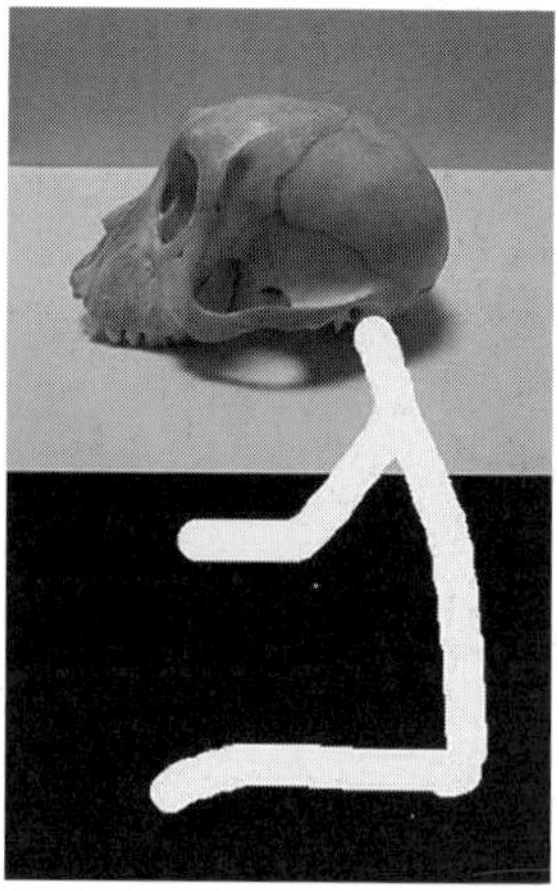

首と背骨がまっすぐになる

下の図はニホンザルが座ってグルーミングしているときの姿勢である。首・背骨がまっすぐになっているのがわかるだろう。つまり、頭の重みが頸椎・脊椎・腰椎に伝わり、上半身の重みがお尻の尻ダコに分散することになる。四足で歩いているときは、頭の重みを首そのもので支えなくてはならず、頭を支える筋肉にはすごい負担がかかっている。

ぼくらヒトも、歩いたり走ったりして疲れたときは、座りたい。これは、全体重が両足にかかるための疲れで、座ることで、体重を足から尻の坐骨に分散させることができる。

四足歩行の苦しみは、サルの祖先が樹上に進出したことによって始まった。

樹上生活では、大孔が頭骨の後ろにあると、樹幹につかまって立っているとき、上空は見やすいが水平方向や木の下を見るには首を深く「つ」の字に曲げることになり、苦しい姿勢をとらなくてはならない。眼窩が側面から前面に移動したと同時に大孔が中央に移動したのだ。

大孔が頭骨の後ろではなく、真ん中あたりにきたことが、四足歩行の苦しみを生み、その結果、休息のときは座るようになり、ヒトの祖先が木から地上へ下りたときに楽な二足歩行への道を急速にうながした大きな要因であろうことは疑いがない。

だから、立ち上がって二足歩行なんていうのは、サルにとっては楽なことだ。

山口県・周防《すおう》のサルまわしのサルや、日光サル軍団のサルはいとも簡単に二足歩行をし、前をしっかり向いて演技している。

これがイヌなら、大孔と首と背骨をまっすぐにしようと二足で立ち上がると、口や鼻穴は空を向き、目は後ろを見ることになる。首を曲げて前を見るように二足で立つと、首から背中を「つ」字形に曲げなければならない苦しい姿勢になる。

ぼくは動物が芸をさせられている姿を見るのが好きではない。

◉―樹上生活のサル（キンシコウ）

大孔が頭骨の真ん中あたりにあるため、つかまり立ちしても、大孔と首と背骨をまっすぐに保つことができる

動物たちの芸はまず、後ろ足で立ち上がって二足歩行することから始まる。クマやライオン、ゾウなどが調教師の言うことを聞いて芸をする、その姿に観客が拍手喝采する。彼らが二足歩行しているときは苦しさに耐えているのだ。

サルの芸はさらに嫌である。サルが無表情で調教師の言うがままに回転したり、竹馬に乗ったりしている姿を見ると、自分の身内が物笑いの種になっているような気持ちにさせられる。野生ザルを長い年月観察してきたせいかもしれないが、彼らが無表情で二足歩行している姿を見ると、自分の気持ちを殺してしまっているのがわかるからである。

野生状態のニホンザルは、逆立ちだって楽にやってしまう（写真）。この箱根・湯河原T群の子ザルは楽しんで逆立ちをして歩いていた。

◉—子ザルの逆立ち歩き

この箱根・湯河原Ｔ群の１歳の子ザルはしばしば逆立ち歩きをしてみせた。が、それも２カ月くらいだけだった。きっと違った世界が見えたことだろう

いつも首をL字状に曲げているので、首が柔軟になってU字状にまで容易に曲げられるようになったのだろう。イヌやネコなどの四足動物には、後ろ足をしっかり上に上げた逆立ち歩きはできないだろう。

ところで、サルの大孔が頭骨のほぼ中央に移動したのはいつごろなのだろう？

サルの祖先であるプルガトリウスはネズミのような動物であり、大孔は頭骨の後ろにあった。やはりサルの祖先のプレシアダピスは、リスのように樹上生活を始め、長い指で枝をつかめるようになっていたが、まだ大孔は頭骨の後ろについていた。

このプレシアダピスたちは、当時の哺乳類の誰もが利用していなかった樹上の新天地で、木の実を食べたり、樹液を舐めたりするようになった。樹上生活を続けることによって、哺乳類の時代に入った新生代の五〇〇〇万〜三〇〇〇万年前ごろに、大孔が頭骨の後ろから中央に一気に移っていったものと考えられている。それが、今のサルたちに進化してきたわけである。

◉—サルの祖先
プレシアダピスの
骨からの復元図

コラム

——宅配便がコワイ！

それは一二月に入ってクリスマスのジングルベルが街中に流れ出したころであった。

箱根の山から戻ると、連れ合いがぼく宛の宅配便が届いていると言う。靴箱のわきにある大きな箱を見た。長野の北軽井沢に住みはじめた教え子から届いたリンゴ箱だった。持つとずっしりと重たい。ぼくは当たり前のように、教え子がリンゴを送ってくれたものと思った。

段ボールの紐を解き、ガムテープを引き剥がして箱を開けた。

ん？　なんだ？

紐でしばられた黒いビニールのゴミ袋が出てきた。それを開けると今度は二つの黒いビニールのゴミ袋が出てきた。

もう、このときにはぼくは、中身はリンゴではなく動物の死体であると感じた。

何の死体だろうか？

そのとき、連れ合いが「どんなリンゴ？」と、様子を見に台所からやってきた。

ぼくが、「リンゴではない！　動物の死体だ！」と言うと、「ウソ！」と言ってなかを見もせず大慌てで台所に戻った。それ以来、連れ合いはぼく宛の宅配便には用心深くなった。

黒ビニール袋を開けると、なんとネコの死体が一頭入っていた。もう一つの袋もネコであった。なかに手紙があり、「別荘のなかで死んでいたネコです」と書いてあった。

多くの人が夏場にネコやイヌを連れて別荘にやってくるが、夏が終わるとたくさんのペットが置き去りにされてしまうようだ。このネコたちは部屋のなかに閉じこめられて死んでいたようだ。

ペットは動物であって、生ある、命ある者たちだ。自転車やゲームソフトとは違う。部屋に閉じこめたままにしておく、その神経がわからない。

また、あるとき、友人からミカン箱に入れられた大量のニホンザルの頭骨や骨などが二箱も送られてきたことがあった。そのときには、送り状のラベルに「骨標本」と書いてあったので、娘たちも連れ合いも見にも来なかった。

当時、友人は千葉県高宕《たかご》山の天然記念物指定地域に生息するニホンザルの保護管理にかかわる仕事をしていた。ニホンザルの天然記念物指定は地域指定であるため、サルが指定地域から出て農耕地に出没すると捕獲されたり、射殺されたりする。

彼は有害鳥獣駆除で射殺されて埋められたサルたちを掘り起こして送ってくれたのだ。

「公共機関に骨をあずけて散逸するよりも、貴兄にこれらの骨を託す」という内容の手紙が入っていた。彼の気持ちをすごくありがたく思った。

また、親父に頼んで、実家の幼稚園で飼っていたウサギのピーターの死体を、お墓から掘り起こしてタオルに包んで段ボールに入れて送ってもらったこともある。もちろんぼくの要望だ。半分腐った状態であった。

もう、このころになると、ぼく宛の宅配便が着いても、連れ合いは「何の死体?」と聞いてくるだけである。

決してぼく宛の宅配便だけは開けようとしないばかりか、宅配便が届いても敬遠されて屋外に置いている場合もある。そのため、せっかく釧路から送られてきた花咲きガニが、半日以上もそのまま玄関わきに置かれていたこともあった。

◉もっともひどい臭いの宅配便

もっとも、悪臭というか死臭を放つ宅配便もあり、そんな箱は部屋のなかに置いておくことはできないので、どうしても屋外に置かれることになる。そんな臭いのきつい宅配便にも、配達人は何一つ文句を言わないし、受取証にハンを押すと「ありがとうございます」と言って車を走らせていく。その後、こちらはこわごわと箱を開けるのだ。

厚岸《あっけし》の大黒島で見つけたというタイリクヤチネズミは、強烈な臭いを放っていた。

ブッはコーヒーカップに二、三頭も入るくらい小さいのに、子ネコが一頭入るくらいの段ボール箱に入ってきた。北海道を旅行中の学生が送ってくれたものだった。

悪臭を放つ宅配便が夕方着いた場合は、翌日までそのままにしておくことになる。すぐに処理できず二、三日放置する場合は、さらに腐敗が進むことになる。

このように腐敗が進んだ死体は、そのまま動物の大きさに合った容器に入れて水に浸し、臭いがもれないようにビニールなどでしっかり覆う。

◉もっとも遠方からの宅配便

遠方からのものでは、鹿児島県奄美大島からのマングースの宅配便である。

これは、奄美大島の環境省奄美野生生物保護センターに勤めた教え子から送られてきたものだ。

奄美大島では、ハブ駆逐用に導入したマングースが、ハブではなく、奄美大島の固有の動物で天然記念物ともなっているアマミノクロウサギやアマミトゲネズミなどをふくむ動物たちを食べていることがわかり、マングースの捕獲作戦を遂行している。

そのため教え子に、マングースの死体を手に入れることができないかとお願いしていたのだ。

送られてきた箱のなかには、なんと三頭の死体が入っていた。三頭ともお腹が裂かれて内臓が取り出されていた。胃の内容物が調べられた結果だ。職員の方々は一頭一頭、何を食べているのか、奄美の固有動物を餌としてはいないかどうか、調べているのだ。

冷凍輸送してくれていたので、すぐ冷凍庫に入れて時間があるときを見はからって皮を剥き、肉をのぞき、骨にした。もうこのころは、自分専用の冷凍冷蔵庫を持っていたので、家族からとやかく言われなくなっていた。

ぼくは動物死体が好きなわけではない。多くの人たちと同じように、死体の入っている箱を開けるのは嫌なものだ。しかし、腐って悪臭を放っている死体ほど早く骨にすることができ、一カ月後、二カ月後が楽しみなので、嫌なのを我慢しているだけである。

はじめのうちは、ぼく宛の宅配便に連れ合いも娘たちも戦々恐々としていたが、今ではすっかり慣れてしまって、「何の死体？　早く開けてみれば！」と言う。そして、庭の水道栓があるところで解体していると、のぞいては「わー！」と声を出している。

家族の者たちはもうすっかり慣れてしまったようだ。

白く美しい標本ができると、「居間に飾れば！」と娘が言うようになった。

7

角はメスと交尾するためのもの

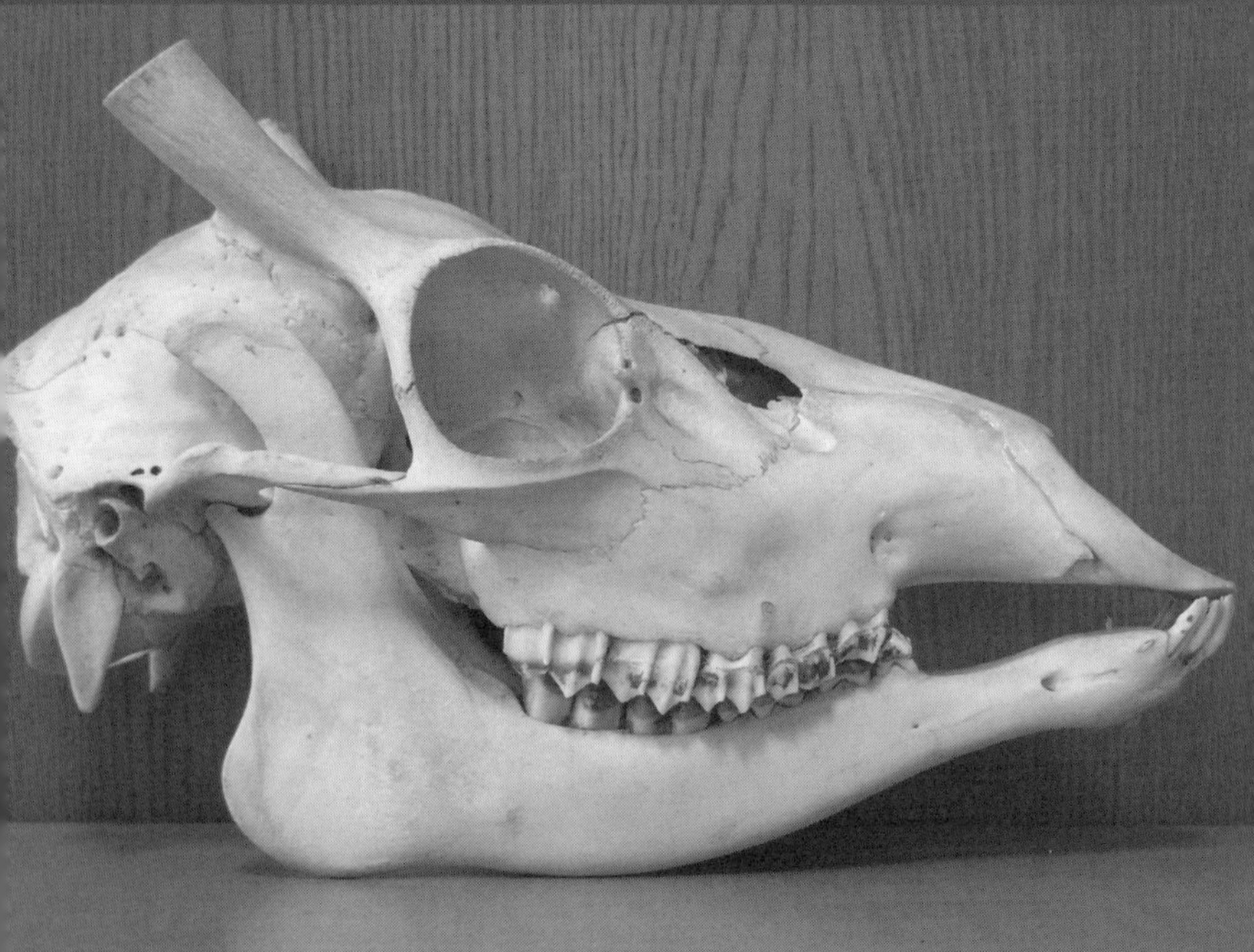

シカの角は骨質で、前頭骨から出ている

丹沢《たんざわ》山麓を歩いていると、スギの植林地などのヌタ場（シカやイノシシが身体についた寄生虫を落とすために泥浴びした湿った場所）にシカの角《つの》が落ちていることがある。枝分かれした大きな角だと、なんだか得をしたような気持ちになる。

はじめはどうして角だけが落ちているのかわからず、きっと頭骨も近くにあるに違いないと探したこともあった。しかし、角だけが落ちている場合、近くに頭骨が別にあるということはなく、オスジカの死体ならば十中八九、角と頭骨は一体化している（写真）。

シカの角は交尾期が終わった三月ごろに脱落し、春になると再び生えてくることをあとで知った。

角と称されるものは、頭からの突起物をさすようだ。哺乳類の角というと、ウシやシカの角を思い浮かべる人が多いだろう。

角をもつ哺乳類は、有蹄類に限られると言いたいところだが、北極海の寒い海に棲むクジラの仲間のイッカクがいる。イッカクについては「12　ヒトの出っ歯はゾウの牙？」で述べて

◉―シカの死体と落ちていた角

房総半島高宕山付近で拾った角。自然に根もと付近から脱落したのがわかる

丹沢山塊の雷平付近で見つけたオスジカの死体。しっかりと角がついている

いるので、ここでは有蹄類の角の話をしよう。

有蹄類は、鯨の仲間をのぞくウシやシカの鯨偶蹄目とウマやサイの奇蹄目《きてい》に分けられる。奇蹄目のサイの角は、鯨偶蹄目のウシやシカの角と違うところが二つある。

それは、ウシやシカの角は骨質であるが、サイの角は皮膚（毛）が角質化したものであり、さらにサイの角は鼻骨の上に出ていることだ（写真）。ウシやシカの角は、ぼくたちヒトのオデコにあたる前頭骨から出ているので、まったくもって非なるものと言える。

さて、日本に生息する鯨偶蹄目の反芻類《はんすうるい》であるシカとカモシカの頭骨を見ると、両種とも前頭骨から角が出ていることがわかる。頭のてっぺんの頭頂骨から出ているのではない。

一般的にウシ科とシカ科の動物を区別するのは難しいようなので、ここで角だけで見分けるコツを伝授しよう。

シカ科は、毎年脱落して生えかわる枝分かれする角をもつ。英語でアントラー antler（サッカーの鹿島アントラーズはここから名づけられた）と呼ばれる角だ。

サイの角は皮膚が角質化したもので、鼻骨の上に出ている（南アフリカのマディクエ保護区で）

ウシ科は、枝分かれせずに一生伸びつづけて生えかわらないホーンhorn（楽器のサクソフォン）と呼ばれる角をもつ。

ヤギやヒツジの角は、くるっと丸まったような角になるが、枝分かれしていないので、ヤギもヒツジもウシ科だ。

また、シカ科の角は、生えかわって伸びているときは、まわりに皮膚などがかぶさっている袋《ふくろ》角《づの》だが、発情季にこの袋を木や岩に擦りつけて剥がし、剥き出しの骨だけの角になる。

ウシ科の角は、ツメと同じようなケラチン質の鞘《さや》で角本体の骨が覆われている。ヨーロッパでは、この鞘で角笛をつくったり、水やワインを飲む容器としても使われた。

さらに、シカ科はオスだけが角をもち、メスにはない。たとえばニホンジカのオスは前頭骨からしっかり角が出ているが、メスにはない（写真）。

◉—ニホンジカの頭骨を上面からと側面から見る

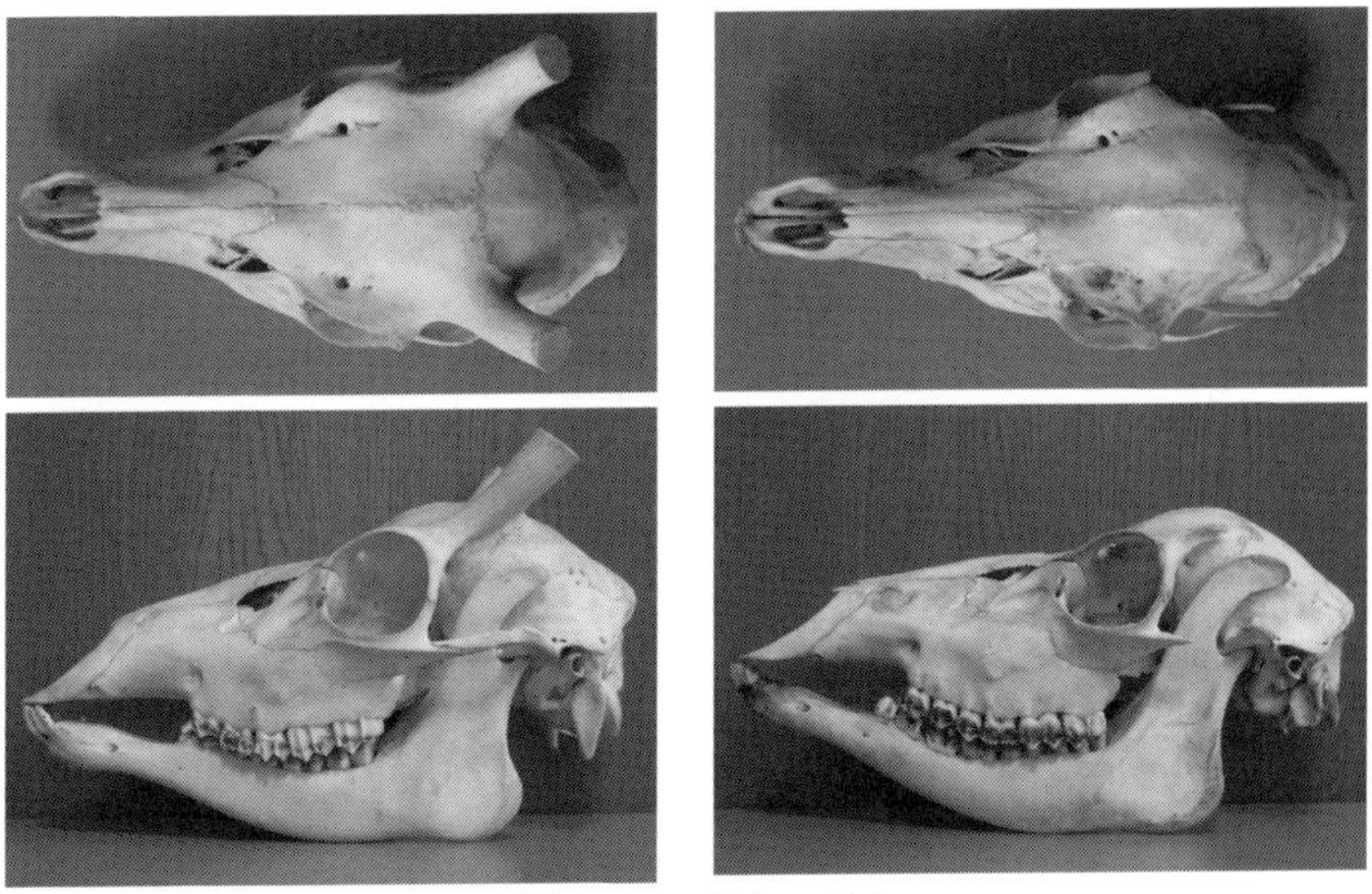

シカ科はオス（左）だけが角をもち、メス（右）にはない

ただし、クリスマスにサンタクロースを乗せてやってくるトナカイだけが例外で、オスもメスも毎年生えかわり枝分かれする角をもっている。

カモシカはシカという名がついているが、枝分かれしない、生えかわらない角なので、シカ科ではなくウシ科の動物であることがわかる。カモシカというのは、鴨のように美味しい味がするシカ、ということからつけられた名前のようである。昔の人も〝シカだ〟と思っていたのだろう。

ウシ科では、水牛もカモシカもヒツジも、オス・メス両方に角が生えるが、アフリカのガゼルの仲間のように、メスの角がオスに比べると非常に貧弱であったり、あるいはインパラやウォーターバックのように、メスには角が出ない動物もいる（写真）。

ところで、アフリカスイギュウの大きな角を見ると、恐ろしい外敵である肉食獣に対抗するために、進化の過程で獲得した武器のようにも思えるが、実はそうではないのだ。

サバンナで大きな草食獣がライオンやリカオンに狙われて襲わ

◉―ウォーターバックのオス（左）とメス（右）

ウシ科の動物は基本的にはオス・メス両方に角が生えるが、ウォーターバックのようにメスには角がない動物もいる（セレンゲティ国立公園で）

れるシーンを映像で見たことがあるだろう。彼らの集団で行なうハンティングには、角では対抗できない。ライオンやリカオンは、前からではなく後ろから襲うからだ。

また、肉食獣に対抗するためなら、メスたちも角をもつことになるが、メスにはなかったり、あっても貧弱だったりする。

オスもメスも同じように立派な角をもつ大型のウシ科の動物には、ライオンやハイエナのような外敵に対して、走って逃げるのではなく、防衛陣を組んで円陣のなかに弱い子どもなどを入れて対抗するように行動を進化させたものもいる（写真）。

角の進化については、ダーウィンが『種の起源』で「性淘汰（性選択）」としてすでに問題にしている。発情したオスたちはメスを求めるために、その動物種のルールにのっとった方法で争わなければならない。シカやウシの仲間は、角を突き合わしてオスどうしで押し合い、その勝利者が多くのメスと交尾し、子どもを残すことができる。

つまり、立派な角をもっていて、身体が大きくて、

◉—オグロヌーの防衛陣

オグロヌーは弱い個体を円陣のなかに入れて守る。この場合は接近したぼくに対して防衛陣を形成した（南アフリカのマディクエ保護区で）

相手を押し負かすことができたオスの遺伝子が次世代に伝わっていくことになる、という考えだ。同性どうしで争うので、これを同性内選択という。

このような性をめぐる争いで、オスとメスでは角という外部形態に違い（性的二型という）が生まれた。

ほかにも、ヒバリはオスが鳴き、メスは鳴かない。あるいはクジャクは、オスが長く美しい尾羽をもっていて、それを扇のようにメスの前で広げるが、メスの尾羽は小さい。

ヒバリのオスの鳴き声やクジャクのオスの尾羽は、オスどうしが争うためのものではなく、メスがオスを選ぶために生じて、進化してきたと考えられる。つまり、ヒバリのメスはピーピーと甲高くきれいに鳴くオスが好きになり、クジャクのメスは尾羽がきれいなオスに恋してしまうのだ。交尾に際して、同性どうしで争うのではなく、メスという異性が選ぶので異性間選択という。

ウシやシカの仲間では角が、ニホンザルなどのサルの仲間では犬歯が、ゾウアザラシでは体の大きさが、メスをめぐってオスどうしで争うときの武器として用いられる。

その結果、大きな角や犬歯や体をもった個体が多くのメスと交尾し、多くの子孫を残すことができる。一方、ヒバリやクジャクたちのオスが多くのメスと交尾するためには、メスに好まれるような歌声や姿をもたなければいけない。

いずれにしても、動物のオスたちは、メスを求めて日夜努力していることになるが、なんだか悲しい。

コラム

動物カメラマンからの頭骨のお土産

テレビの取材でシベリアやアラスカに生息するホッキョクグマを撮りに行ったSカメラマン。二度におよぶ数カ月にわたる取材旅行と聞いていた。ある日、「福田さんが泣いて喜ぶものがあります。ぜひ会いましょう」と、Sさんから電話があって帰国を知った。

彼とは民放のテレビ番組で下北半島のニホンザルを一年間にわたって追いかけた仲だ。そのとき彼は、鳥は撮ったことがあるがサルははじめてだと言った。

現場でサルを見ながらサルの行動や生態などについて話をした。ある個体が毛づくろいや採食しているときに、後ろを振り返ったり、前を見上げたりした場合は、別のサルがやってくるので必ずその方向にレンズを向けること。「あ！ 今だ！ そのままの姿勢で二時の方向（右三〇度）にゆっくりカメラを向けて！」などと伝えた。

取材クルーはまとまっていた。それは同じ民宿や国民宿舎の同じ部屋に寝起きし、同じ食堂で同じ食事をし、サルが見つからなければ手分けして山中を探しまわり、しかもクルーのメンバーは皆、植物や動物や野山が大好きだったからだ。そのため、仲間意識がすぐ芽生えた。

サルを追っていて、カモシカやアナグマなどの死体や骨があると、どのような骨の一部でもぼくが大事そうに拾うので、皆、どこどこに骨があった、死体があったなどと教えてくれた。貴重な骨休みの日に、わざわざカモシカの死体がある沢までぼくを案内してくれた仲間もいた。

そんな時を一緒に過ごしたSカメラマン、きっと喜んでもらえるだろうと、シベリアやアラスカのお土産にいくつかの頭骨を持ってきてくれたのだ。

その一つは完全なホッキョクギツネの頭骨である（写真）。よくぞこのようにすべての歯が揃い、欠けたり割れたりした箇所のない完全な頭骨をと、大感激したことを今でも覚えている。

あとで気がついたのだが、「採集日1993年6月3日、ウランゲル島の北緯71度、東経181度。採集者S」と記載された紙が紙縒《こより》状に丸められて大孔のなかに押しこめられていた。

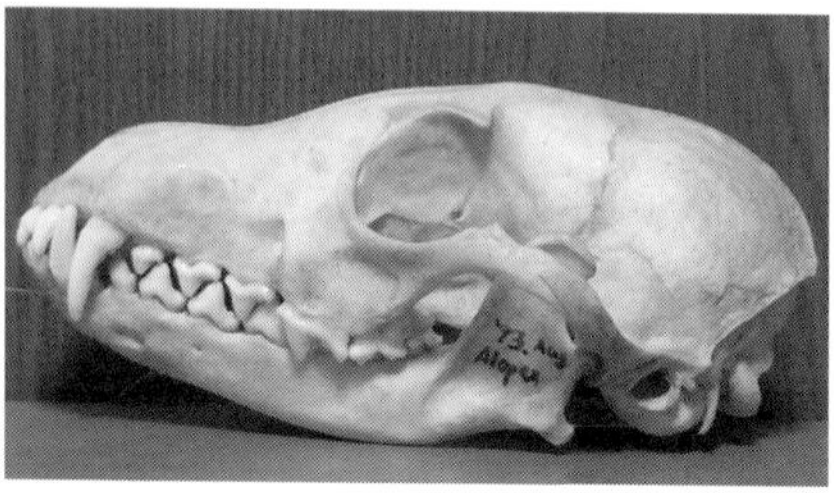

ホッキョクギツネの頭骨

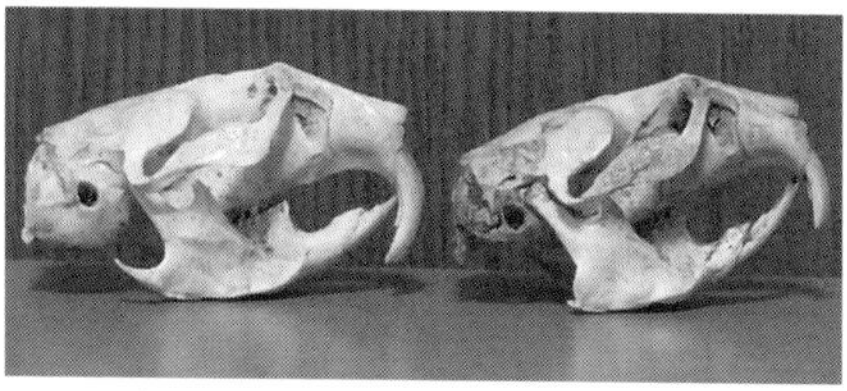

レミングの頭骨

ホッキョクギツネの頭骨は、一見すると大きさは日本のタヌキぐらいで、キツネより一回り小さい。だが、後眼窩突起の形状がタヌキのようにとがっておらず、キツネと同じL字状であり、鼻骨の上端はキツネと同じように鈍い角度で前頭骨と接していて、タヌキの鼻骨が鋭い楔状で前頭骨と接するのとは異なる。また、頬骨弓も、側頭骨の頬骨突起が頬骨の前頭突起の上になり、日本のキツネと共通していた。

さらにSさんは、アラスカで採集したレミング（タビネズミ）の頭骨を二個持ってきてくれた（写真）。これは日本産のハタネズミ亜科のネズミに比べて一回りも二回りも大きく、これが川を越え、森を越え、海峡をも越えて、大集団となって移動することで有名なレミングかと思うと、アラスカや北欧の荒涼としたツンドラの自然が見たこともないのに浮かんできた。

　レミングは、「4　田舎のネズミと都会のネズミ」で述べた、田舎のネズミのハタネズミ亜科のネズミであるが、日本産のものに比べると倍以上も頭骨が大きく、また頑丈である。この頭骨からは、骨格も大きくしっかりしたものであることが容易に想像できる。


　なんと彼は、さらにぼくに骨でできた不思議な物をくれた。アンカレッジのお土産屋さんで買ったと言うのだが、皆さんは下の写真は何だと思いますか？　長さ一七センチ幅四センチ高さ四センチ。

　そうです、歯です。

　ムース（ヘラジカ）の右側の上顎骨と小臼歯と大臼歯だ。つまり歯茎と歯である。

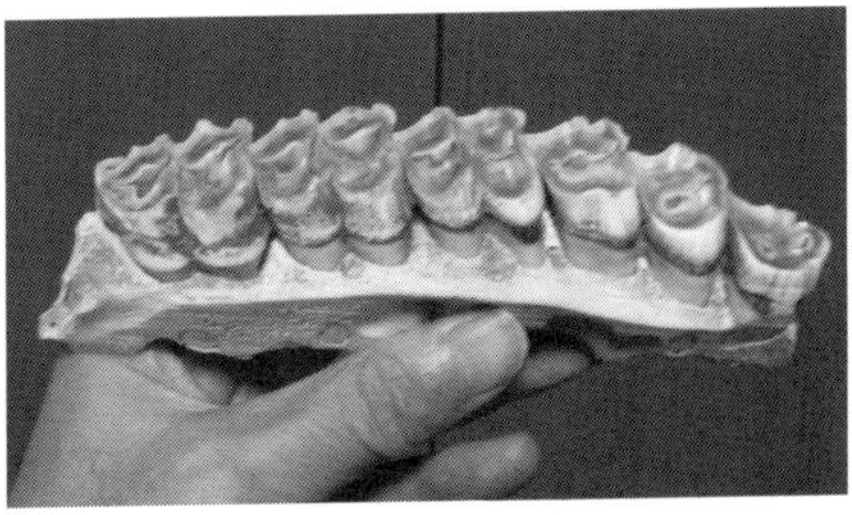
売られていたヘラジカの歯

　で？　これがお土産屋さんで売られているのは、どういうことだろう？

　これは、ある目的で使用するために売っているのだそうだ。日本にはこれに代わるものとして、陶器や鉄、石などでつくられたものがある。

　わかりましたか？

　これは、文鎮《ぶんちん》（ペーパーウエイト）として売られているのだ。

　もちろんぼくは、文鎮として使ってはいない。大事に陳列棚におさめている。

8

華奢な頭骨をもつ動物たち

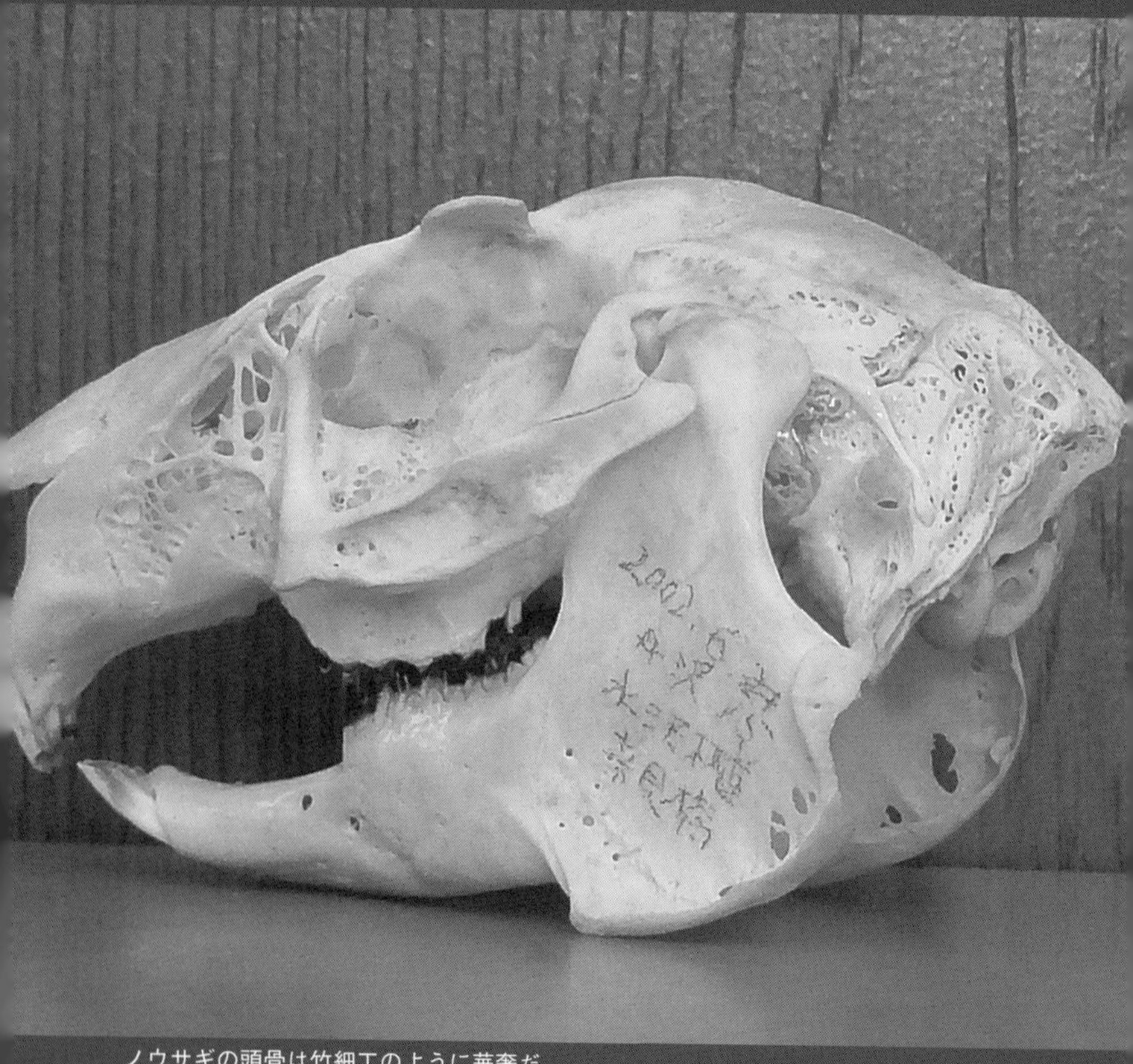

ノウサギの頭骨は竹細工のように華奢だ

タンザニアのセレンゲティ国立公園の雨季が始まった。

インパラの集団が伸びてきたやわらかそうな草を食べている。小さな子どももがいる。何頭かのインパラは時々顔を上げてまわりを見わたす。再び、五センチくらいに伸びたイネ科植物を夢中になって食べている（写真）。近くにはオグロヌーの集団も採食している。

空は雨雲に覆われているが、草食動物にとっては恵みのシーズンである。

ライオンのプライド（群れ）がインパラの子どもを狙っている。三頭のメスが身を低めて這うようにして、一メートルくらい丈のある枯れ草が残っているブッシュに身を潜めながら進む。

インパラの子どもが、一頭のメスライオンが隠れているブッシュに近づいてきた。

◉—セレンゲティ国立公園のインパラのメス集団

雨季の始まりの10月、伸びてきたやわらかそうな草を食べている。集団のなかには小さな子どももいる

と、ライオンは飛び出る。飛び跳ねるようにしてインパラは逃げる。が、一〇〇メートルも逃げることなく、インパラの子どもは捕まってしまう。

ライオンは最初にインパラの尻に前足の爪を引っかけた。それで、インパラは倒れた。すぐに、ライオンはインパラの喉に噛みついた、インパラの子どもはそれで絶命したようだ。

ライオンのような肉食動物が、食物となる草食動物をハンティングする場合、十中八九、草食動物の喉に噛みつく。ライオンをふくむ捕食者たちは、ほかの動物たちを捕食することによって生活している。彼らはできるだけ捕食効率を上げるようにもがいている。

一方、捕食される側のインパラたちは、草を食べなければ生活していけない。インパラたちも採食効率を上げようと努力している。さらに彼らは捕食されないように日夜警戒をおこたらない。襲われたら、いち早く逃げるために、自分の足に命を託している。

ぼくは、アフリカの森林性のカモシカの仲間のブルーダイカーとブ

◉—アフリカの偶蹄類、ブルーダイカー（左）とブッシュバック（右）の頭骨

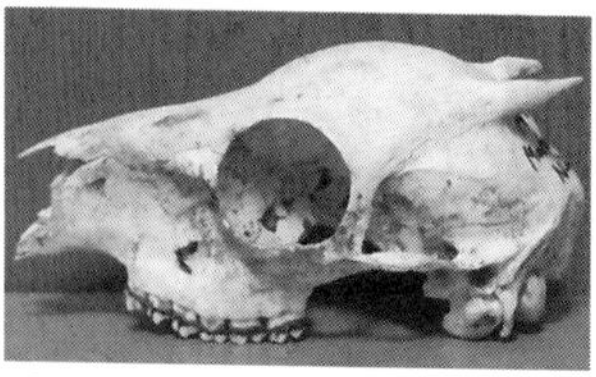

ブルーダイカーは性成熟に達しているのに頭骨が縫合・癒着していないので、華奢である

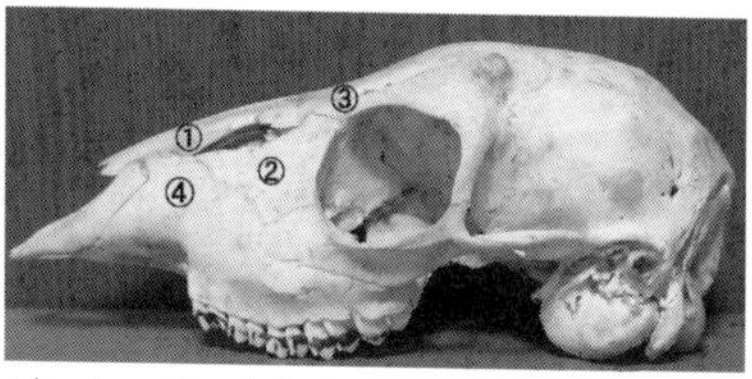

ブッシュバックのオス。まだ子どもなので、角がほんの少ししか出ていない

ッシュバックの頭骨を持っている（写真）。タンザニアのマハレ山塊国立公園でチンパンジーの人づけを試みているときに手に入れたものだ。

ブルーダイカーは、オスとメスがほぼ同じ行動域内で単独生活をしている森林性の小型のウシ科の動物である。ヒョウのような捕食獣に見つからないよう、絶えずまわりに気を配りながら採食生活をしている。

ぼくは、ブルーダイカーが警戒音をあげたのを聞いたことがない。この柴犬くらいの大きさの動物は、チンパンジーの観察路に座って休んでいると、シッポをまるでセキレイのように振りながら近づいてくる。ぼくが何であるか確かめようとしているのだ。それを見ると思わず、「あー、これだもの、ヒョウに食べられてしまう！」とつぶやいてしまう。

ブッシュバックは、ぼくが気づいていないのに、「グワッ！」とニホンザルのオスがあげるような警戒音をあげるので、その存在に気がつく。逃げ足が速く、「グワッ」と鳴いてすぐ逃げる（写真）。

◉—ブッシュバックのメス

タンザニアのマハレ山塊国立公園の我が家の裏に出てきた。手前はキイロヒヒ

前ページの写真を見ていただきたい。

ブッシュバックは、まだ子どもの頭骨であり、角が伸びかけているのがわかる。①鼻骨、②涙骨と③前頭骨、④上顎骨との間に隙間があり、一見

すると子どものカモシカの頭骨と似ている。

一方、ブルーダイカーは前顎骨《ぜんがくこつ》が消失しているが、それをふくめたとしても一三センチ以下の頭骨全長だろう。臼歯が六本出揃っており、歯も磨耗しているので、性成熟をすでに超えた個体であると思われる。

ブッシュバックは若齢個体なので、縫合線がはっきりしているのは当然だが、ブルーダイカーは成熟しているにもかかわらず、頭頂骨をのぞいてほかのすべての骨は縫合線がはっきりしており、骨どうしがしっかり癒合しているわけではない。つまり、華奢な頭骨のつくりになっている。

これは、アフリカの反芻亜目の動物ばかりでなく、日本に生息するシカやカモシカの頭骨も同じだ。頭頂骨はしっかり縫合・癒合しているが、ほかの頭骨はどれもしっかり縫合・癒合し

◉―ノウサギの竹細工のような頭骨

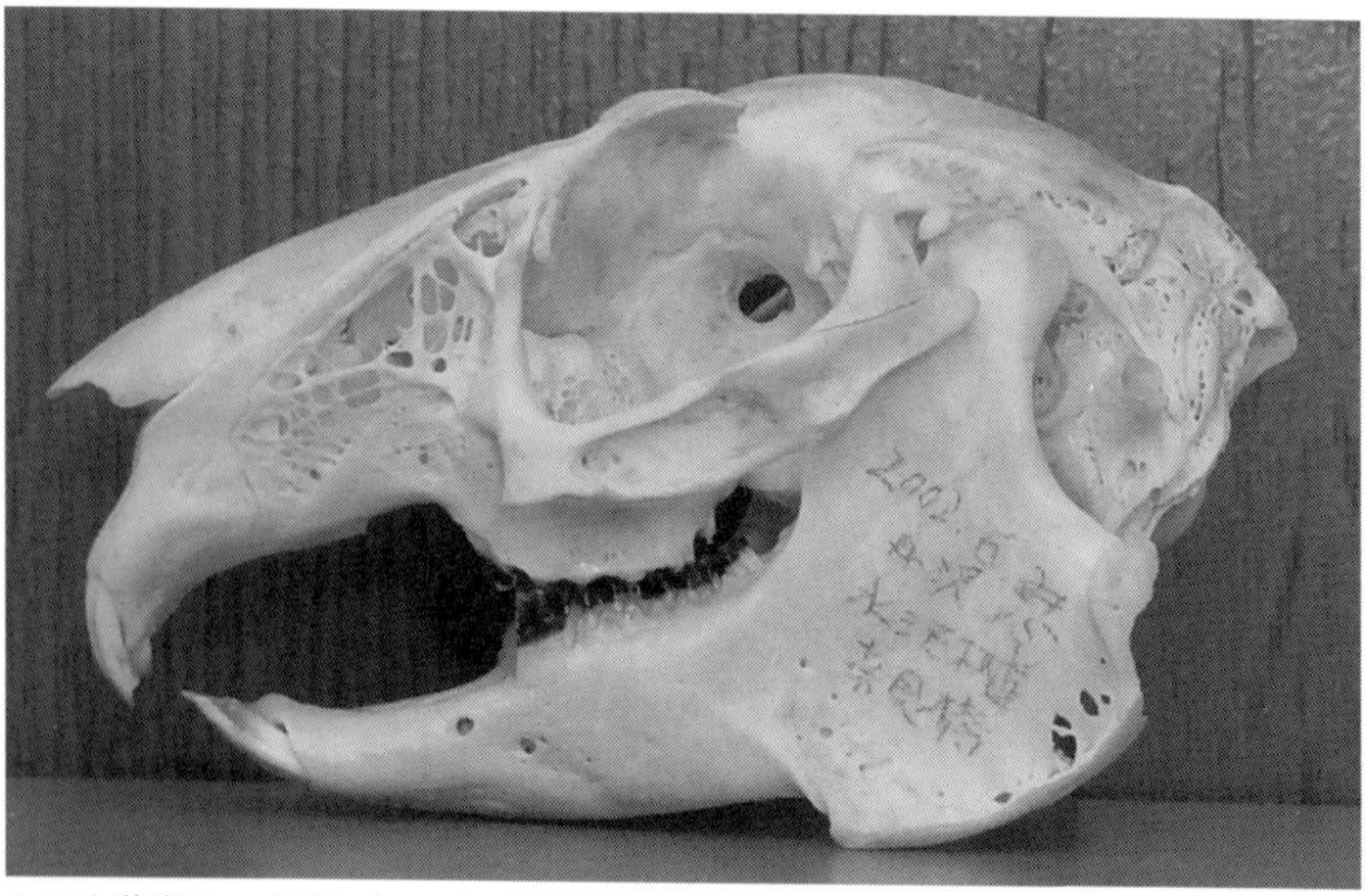

とても華奢なつくりになっている。敵から逃げるにはなるたけ体が軽いほうがいいのだろう

ていない。

同じ草食獣のノウサギの頭骨はというと、これはもう縫合・癒合どころか頭骨全体が網目細工のような華奢な構造になっている（前ページ写真）。

ネズミの仲間は言うにおよばず、癒合していても骨自体が薄い。

頭骨全長が同じくらいの大きさのイタチとリスを比べてみるとその違いは一目瞭然だ。両者とも五グラム以下で、手もとにある料理用の量りでは測定できないが、イタチの頭骨は石のように硬く癒合しているのに対し、リスの頭骨は薄く紙細工のようだ（写真）。

草食獣たちの頭骨と比べて、肉食獣やサルたちの頭骨はガッチリしている。歳をとるにつれて頭骨の各骨の間がしっかりし縫合・癒合し、境目がまったくわからなくなる。

ノウサギは、ぴょんぴょん飛び跳ねて捕食者から逃げるには、なるべく体が軽いほうがよいだろう。

同じように樹上を走りまわっているリスに

◉—リス（左）とイタチ（右）の頭骨

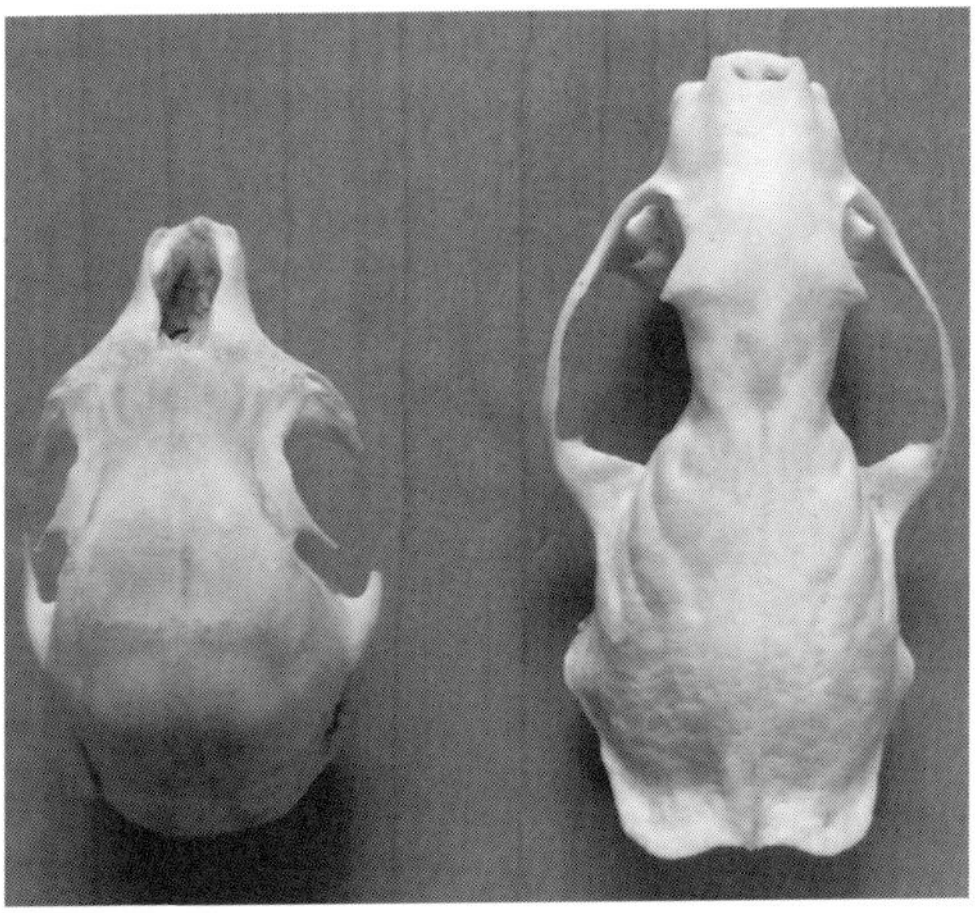

イタチの頭骨は石のように硬く癒合しているのに、リスの頭骨は紙細工のようだ

しても、体が軽いほうが枝先の果実まで採ることができる。あるいは、森や草原に棲むネズミたちにしても、草の茎を登ったり、機敏に動きまわったりして食物を得るには、身が軽いほうが有利である。

そのため、彼らは頭骨を軽くするように進化したとも言える。

ところで、シカやカモシカの仲間の頭骨が、いつまでもしっかり癒合しないのはなぜなのだろうか？ 長くて重い枝分かれする角をつけるシカの前頭骨でさえ、その縫合線は明らかであり、カモシカの角が出てくる前頭骨でさえも、オスザルや肉食獣で見られる矢状隆起のようながっしりした縫合・癒合にはならない。

もしかすると、シカやカモシカ、ノウサギ、リスなどの草食獣やネズミたちの頭骨は、これからの環境の変化に対応して生活が変わったときに、その変化に対応できるよう、頭骨がしっかり固まらないでいくらでも変わり得る余地を残しているということなのだろうか？

一方、草食獣よりも肉食獣のほうが表情が格段に豊かであり、肉食獣は食物を獲得するには狩りをしなければならない。狩りをするには考えなければいけないし、仲間とも協力し合わなければいけない。まわりに生えている草を漫然と食べる草食獣とは大きな違いだ。

草食獣は食物をめぐって仲間どうしで争わないが、肉食獣たちは、少ない食物をめぐって子どものときから唸《うな》ったり、悲鳴をあげたり、しょっちゅう争う。

さらに、肉食獣は獲物を殺して食べるために、強い咀嚼筋を必要とするが、草食獣はバクテリアの力を借りて分解消化する胃や盲腸、結腸などをもつので強い筋肉は必要ない。サルたちも集団生活のなかで餌をめぐって仲間たちと絶えずケンカをしたり、仲良くしたり、さらにはやわらかい葉や果実から堅果や樹皮や昆虫まで食べている。

このような食生活の違いと仲間関係の違いから、肉食動物やサルの仲間のほうが、草食動物たちよりも咀嚼筋や表情筋をはるかに多く使うことで、頭骨を頑丈なものにさせていると考えられるが、いかがだろうか？

コラム

——シカの頭骨は不完全

丹沢山塊を歩いているとシカに出会うことが多い。ぼくが先にシカに気づくのではなく、シカのほうが先にぼくに気づいて警戒音をあげてくれる。一〇〇メートルくらい遠方の斜面の木立のなかでも、「グアッ!」という谷間に響くような声を出してくれるから、彼らの存在がわかるのだ。

半日丹沢を歩きまわると、一回はこの警戒音を聞くことになる。また、林道でも登山道でも尾根道でも、一〇〇メートルも歩くと何カ所かに彼らの糞がある。しかし、彼らの存在を始終感じていても、彼らの死体や頭骨を簡単に見つけられるかというと、そうではない。

もちろん、丹沢でもいくつかの沢ぞいは猟期にシカたちを追いつめて撃つ場所なので、オスジカの死体が多く見つかるが、そんな場所をのぞいては、シカの死体を見つけられるのは幸運以外の何物でもない。

オスジカの頭骨を七個持っているが、どれも完全な頭骨ではない。

三度も完全な死体に出合っているが、もう少し腐るのを待とうと思っていたら、梅雨の豪雨で流されてしまったり、ほかの動物に運び去られていたり、あるいは動物たちに下顎骨か上顎骨が噛み砕かれていたりで、完璧な頭骨をとることができなかったのだ。

シカの上顎の犬歯は、一センチに満たないような小さな歯で、歯茎には数ミリしか埋まっていない(14ページ写真)。そのため、犬歯を紛失することが多く、七つの頭骨のうちわずかに一個だけが上顎の犬歯がついている。が、この頭骨の右下顎骨を探し出すことができなかったため、これも不完全なのだ。

ぼくが持っているもので見た目がほぼ完全なのが、部屋の壁に掛けてあるものである（写真）。一見格好よいが、これは上顎の犬歯がなく、下顎の犬歯・切歯も一本もない。また、この角は、ぼくのコレクションのなかで一番大きなものではない。

ぼくが持っているもので最大なのは、千葉県の高宕山のサル調査で拾った、春に脱落したものである（81ページ写真）。太くて長いので、かなり大きなオスジカであろうと思われる。

いつか完全なシカの頭骨を手に入れたいと思っている。

見た目がほぼ完全なニホンジカの頭骨

9
噛みとられても平気な骨

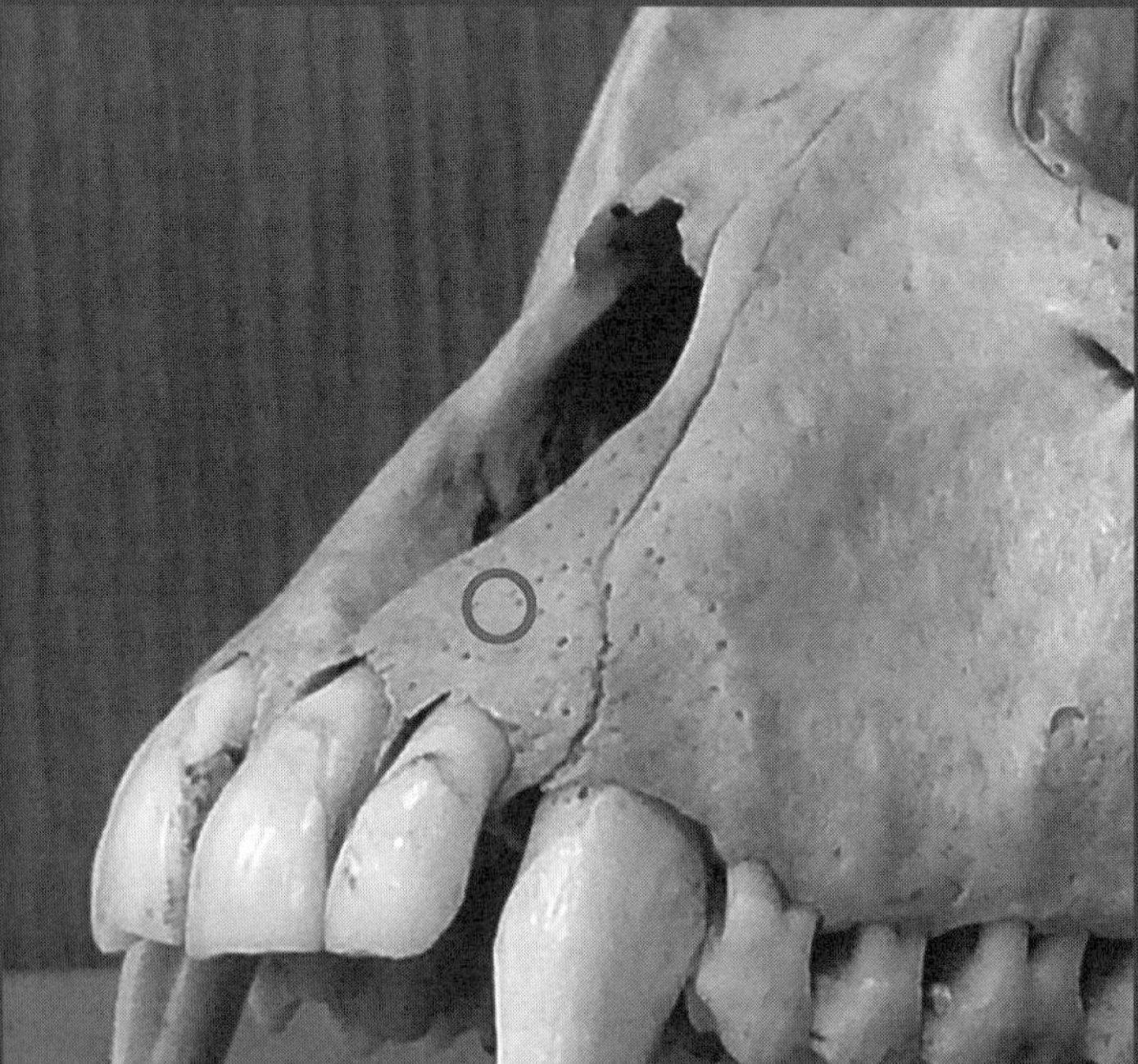

前顎骨（○印）を失っても子ザルは生きていた

魚釣りをしているとき、針で釣った魚のクチを切り裂《さ》いてしまったり、ひどい場合にはクチがとれてしまうことがある。それでも魚が死なないことは釣り好きならば子どもでも知っている。

実はサルも魚のように、この前顎骨が傷ついたりなくなっても平気で生きていけるのだ、と言ったら信じてもらえるだろうか。

湯河原《ゆがわら》駅から奥湯河原行きのバスに乗って終点で降り、バスが走ってきた道をさらに八、九分歩くと広河原だ。最後の旅館があるところから右の道に入り、川を左に見ながら歩いていくとすぐに舗装が切れて砂利道になり、間もなく橋を渡ってトイレがある駐車場にたどり着く。正面に鳥居がある山道を二〇メートルほど登ると、天昭山神社野猿公園餌場の跡の壊れたベンチやテーブルがある河原に出る。ここには四半世紀くらい前まで天昭山群と名づけられたサルの群れが出てきていた。

もう秋だというのにまだまだ暑いある日、餌場に出てきた群れのサルたちの異常に気づいた。赤ん坊や一、二歳の子どもたちの多くが、顔や頭や体にケガをしているのだ。鼻や頬や唇が切れているもの、耳が半分に切り裂かれているもの、頭や背が切られて赤い肉が見えているものなどがいた。

交尾季になって群れに近づいてきたハナレザルのオスの仕業であることは一目瞭然だった。特にひどい状態なのが、ダーメというメスの子どもで、一歳になるオスであった。

彼は、鼻のつけ根から歯茎にかけて上唇もろとも削りとられており、赤い舌が丸見えの剥き出し状態であり、その小さな舌で眉間の下に開いた穴から流れ出る鼻水をペロペロ舐めていた（次ページ写真)。

もし、これが人間だったら、出血多量で死亡するか、痛さでショック死するだろうと思われた。このときから、このオスの名前がグシャオとなった。

　彼は前顎骨がなくなっているため切歯もなくなっていたが、子どもどうしで追いかけっこやとっ組み合いをして元気に大きくなっていった。

　そのグシャオが、三歳になった秋深くに群れから出て行ってしまった。ニホンザルのオスなら誰もが経験する、生まれた群れからの離脱・分散である。彼は箱根のほかの隣接した群れには加入していなかったので、きっと西丹沢か伊豆まで出かけてボスになったことだろう。あの顔ですごまれたら、どんな相手もかなわないと思うだろう。ボスになったかもしれない雄々しいグシャオの顔を見たかったものだ。69ページの写真は、離脱直前のグシャオだ。

　グシャオのように、前顎骨がなんらかの事故でなくなったとしても、魚のクチが傷ついたり、なく

◉—上顎骨を噛みとられた子ザル

グシャオは、鼻から上あごにかけて上唇もろとも噛みとられている

なったようなもので、死ぬことはないということはわかっていただけたと思う。オスザルどうしのケンカで唇が裂けている個体は、どの群れにも一頭くらいはいるものだ。

さて、次ページの写真は、アフリカオニネズミ、ノウサギ、キツネ、アナグマ、ニホンザル、カモシカ、シカ、イタチの頭骨を斜め前から見て、前顎骨を撮ったものである。前顎骨と歯やほかの骨との位置関係がわかるようにしているので、それぞれの縮尺は考慮していない。

アフリカオニネズミ、ノウサギは伸びている前顎骨の先端に歯があるだけで、臼歯まで歯がなく空いている。

キツネ、アナグマ、ニホンザルは切歯から小臼歯、大臼歯まで連続して歯が並んでいる。

一方、カモシカやシカは前顎骨があるだけで歯が生えていない。

前顎骨だけ見ても、こんなにも違いがある。これは動物たちの生活の反映でもある。

ヒトはニホンザルやチンパンジーと同じサルの仲間であり、イヌやネコやウシなどと同じ哺乳類の仲間でもある。哺乳類は、魚類や鳥類やカエルやヘビなどの両棲類・爬虫類とともに、脊椎動物に分類される。

脊椎動物は背骨をもつだけではなく、タコやイカとは違って、見たり、聞いたり、感じたりなどの五感や、さらには考えたりなどの中枢神経の大元締めである脳が、しっかり堅い頭の骨で守られている。

◉—いろいろな動物の前顎骨（○印）

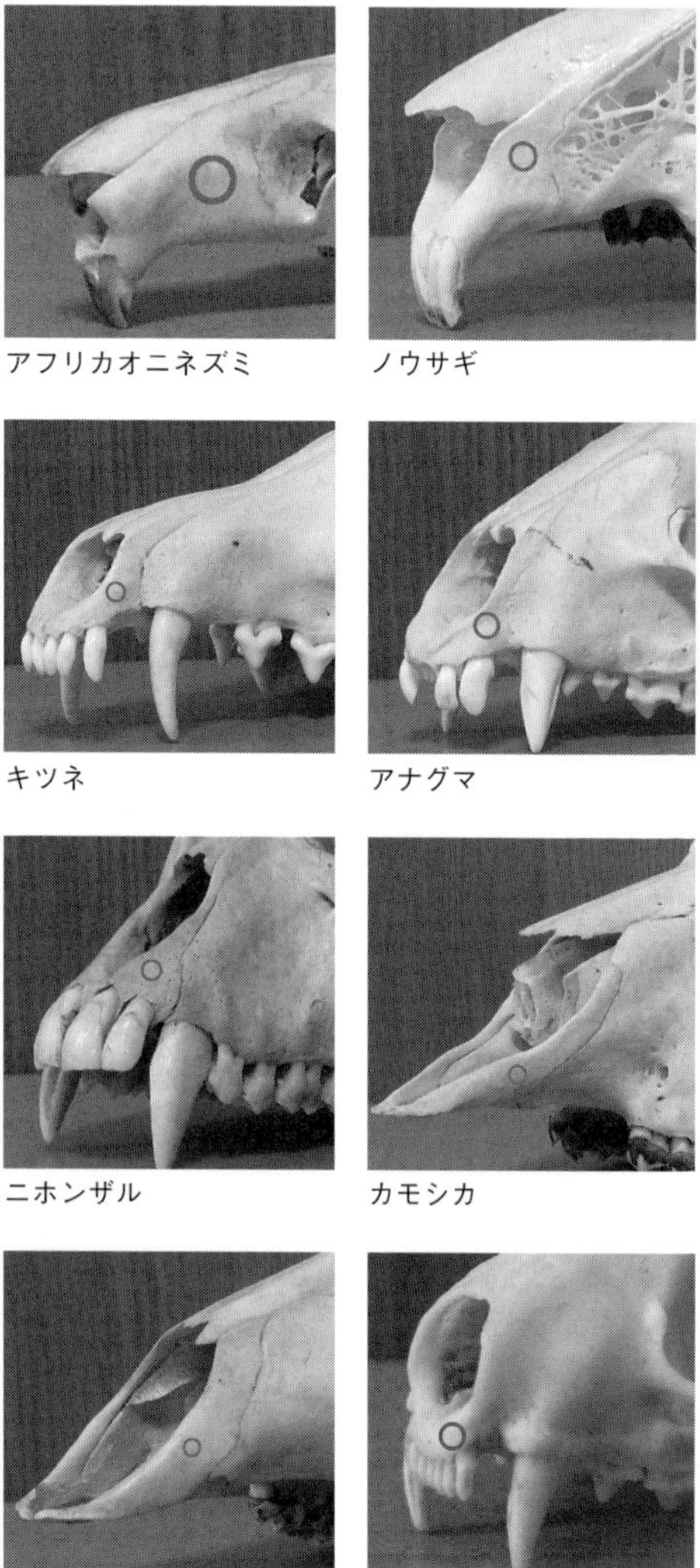

一般的に頭骨は、この頭の骨（脳頭蓋）と顔の骨（顔面頭蓋）からなっている。頭骨の各部分の名称などは20ページのコラムを参照してほしい。

前顎骨は、脳を守る頭の骨ではなく、食べ物や空気の取り入れ口である顔の骨であることは、写真を見てもわかるだろう。

ぼくたちの口は、上あごの骨である前顎骨と、頬骨や上顎骨、下あごの下顎骨などによってつくられている。つまり前顎骨は、魚や鳥では上のクチやクチバシにあたるのだ。

前顎骨は、上顎骨や下顎骨とともに、ヒトをふくむ哺乳類たちの食物の取り入れ口の骨となっているため、日々酷使されている。

トラやオオカミのような大型の肉食獣でなくても、イタチやテンのような小型の肉食獣でも、この前顎骨や上顎骨をふくむ顔の骨がガッチリしていなければ、いかに大きくて立派な犬歯をもっていたとしても、獲物の草食獣をしっかり口で噛み押さえしとめることは難しい。

しかし、マングースやイタチのような肉食獣では、切歯は用をなさないと思えるほど小さくなり、噛み押さえるのは犬歯や小臼歯が生えている上顎骨である。そのため、切歯が出る前顎骨は小さくなり、たんに鼻の穴を形成する骨程度の役目しか果たしていない。

どうぞ皆さんのペットのイヌやネコの唇を開けて、噛まれないように気をつけて、切歯を見てほしい。ネコのはまるでご飯粒のように小さいだろう。

前顎骨から切歯が一本も生えてこないシカやカモシカの仲間もいるし、一方では、ネズミやウサギのように前顎骨が大きく、この骨から生える大きい一対《つい》の切歯が食物を噛み切るのに大事な役目を果たし、なければ死に直結する動物たちもいる。

コラム

最小の哺乳類の頭骨

ぼくが持っている最大の頭骨はウシのものだ。日本産の野生動物ではイノシシのものが最大だ。その次がツキノワグマ、カモシカ、シカとなり、ニホンザル、次にキツネ＝アライグマが横並び、ヌートリア＝アナグマ＝タヌキ、ノウサギ、テン、イタチ、リス、ドブネズミ、アカネズミの仲間の順となる。小さいのはヒミズやトガリネズミだ。

ぼくは、講師をしている専門学校で高校生向けのチャレンジキャンパスがあると、いくつかの頭骨をお菓子が入っていたブリキの箱に入れて持っていく。菓子箱なので、大きくても子どものサルの頭骨がせいぜいだ。タヌキ、テン、子ザル、リス、ネズミ、ウサギ、アナグマが、ぼくがよく持っていくものだ。

学校に持っていって、高校生たちに手にとって見てもらうと、なぜか歯のどれかが紛失する。そのため、ぼくの頭骨はしだいに完全に歯が揃ったものが少なくなってきている。歯は木工ボンドでしっかり固定して抜け落ちないようにしているが、それでもなくなる。まー、形あるものは壊れるのが当たり前なので仕方がない。

さて、日本の哺乳類で、否、おそらく世界中の哺乳類のなかで、最小の頭骨をもつ哺乳類は?と聞いたら、どのくらいの人たちが言い当てることができるだろうか?

高校生たちに動物たちの頭骨を見せて、「これは日本に生息する哺乳類だが、何だかわかりますか?」と頭骨を見せると、サルの頭骨は誰もがわかる。ネズミやリスも上下の切歯が一対なのでミッキーマウスと同じと言うとすぐわかる。

しかし、ウサギやモグラはほとんど当てることができなくなり、都会の野生動物であるアブラコウモリはほぼ誰も当てることができない。

その頭骨のあまりの小ささに驚いて、ヒナコウモリ科のアブラコウモリだと教えても、アブラコウモリそのものの大きさが想像できないようでお手上げ状態となる。

夕方、近くの公園の池の水面の上や川の上、あるいは畑に敷いている黒いビニールシートの上、さらには一〇台くらいとめることができる駐車場の車の上を、アブラコウモリたちがヒラーリ、ヒラーリと舞って昆虫を食べている。

コウモリが飛びまわっている姿を誰もが見ているはずなのに、目に映っていても知覚されていないことが多い。あるいは、まったく気にもとめないので、ツバメか何かくらいで終わっている。

写真は、アブラコウモリよりも大きいユビナガコウモリの頭骨を、比較のためにノウサギの頭骨と並べて撮ったものだ。ユビナガコウモリは、翼を広げると三〇センチ近くもあるが、頭骨はこんなに小さい。

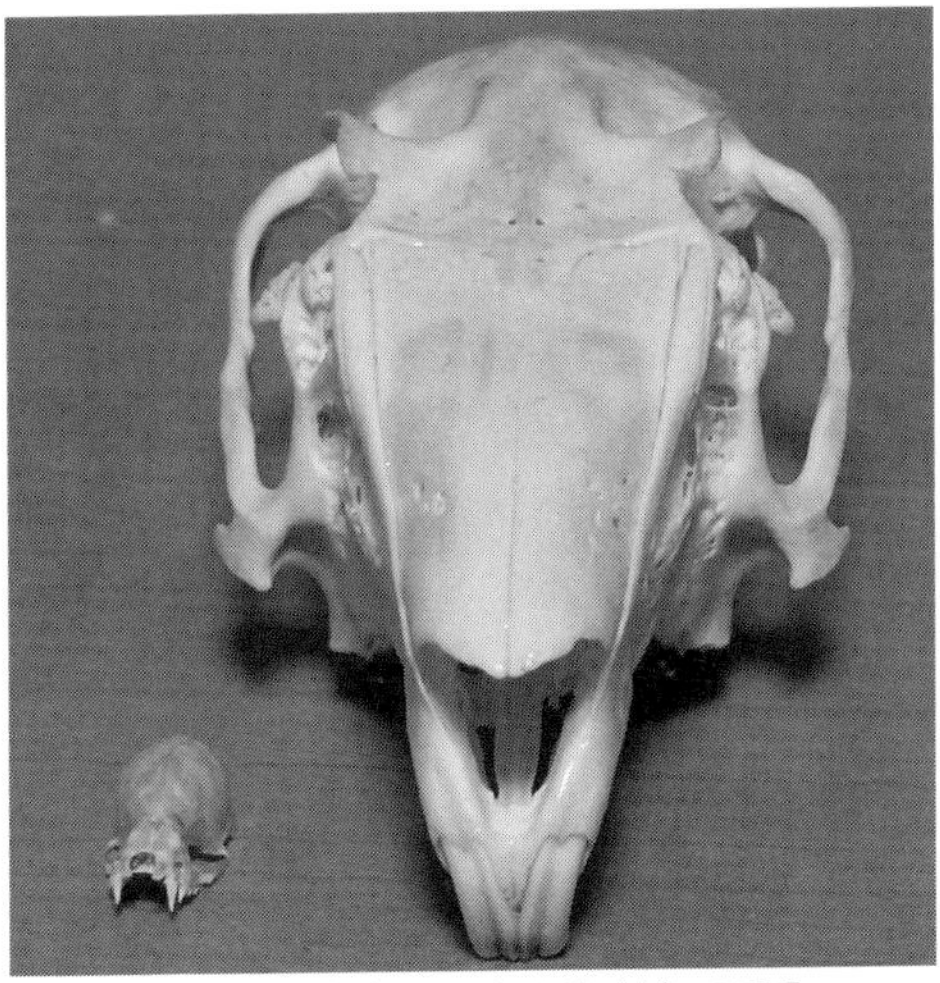

ユビナガコウモリ（左）とノウサギ（右）の頭骨

10

野菜を食べると歯がすり減る!

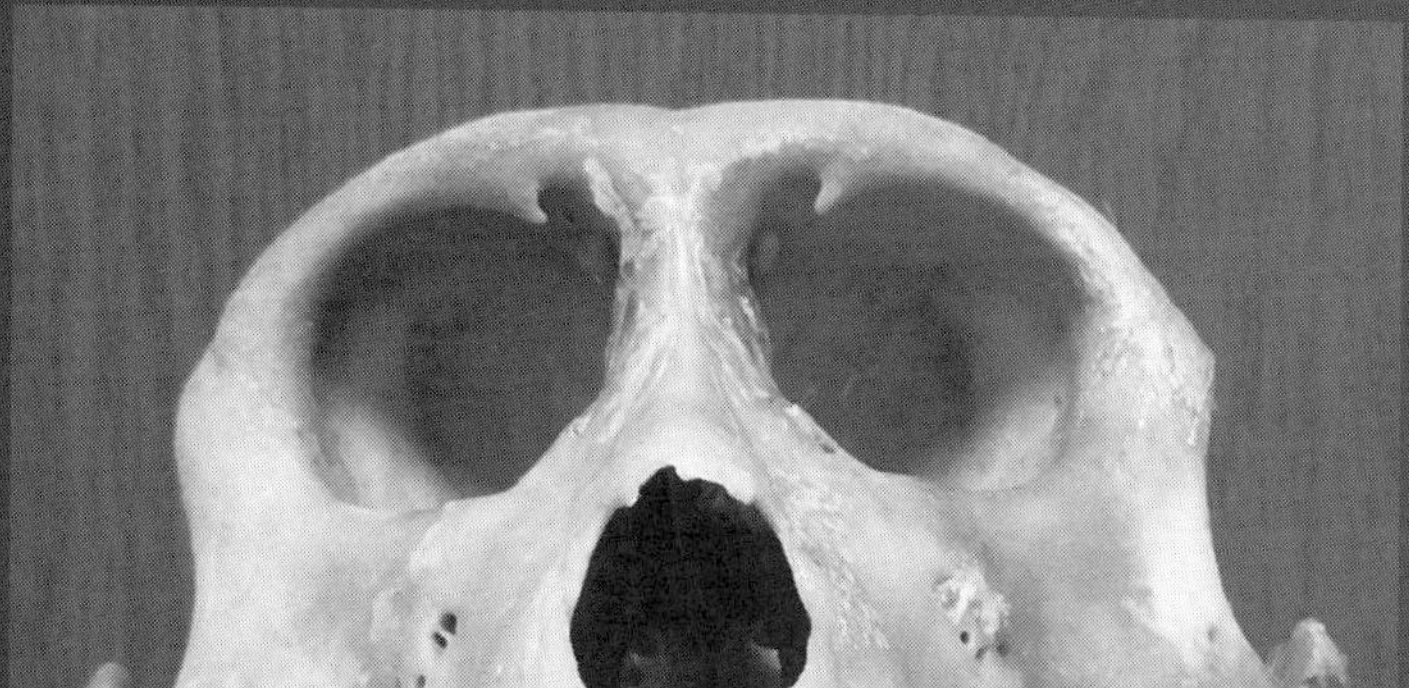

丹沢で見つけた老猿の頭骨

五月の連休も過ぎた春爛漫の暖かい日、学生たちを連れて東丹沢の山道を歩いていたときのことだ。ぼくはお昼にする場所を探していた。水沢の堰堤下の河原で食事をとろうと河原に下りた。すると、まるでぼくに見つけてもらいたいかのようにサルの死体があった。干からびた毛皮がついていたが、頭骨はきれいに白骨化していた。

その全体の様子から、ぼくが観察している、馬ノ背群と名づけた群れにいた老オスであろうと思われた。彼の背や四肢の関節は曲がり、前の年の暮れに、群れの移動によたよたした様子でついて歩いていたのを見たのが最後だった。厳しい冬季を乗りきれなかったのだろう。

上の切歯は欠けていたり、抜けていたり、磨耗して変形しており、犬歯もすり切れて右の犬歯は左の三分の二くらいしかなく、小臼歯や大臼歯も全部残っているもののすり減っていた（写真）。

丹沢山塊のニホンザルの冬季の食べ物は、冬芽や樹皮がおもなのだが、咬み合わせるべき切歯が欠けたりなくなったりしているので、右の上の犬歯と下の犬歯をすり合わせて冬芽を噛み切ったり、樹皮食いをしていたのかもしれない。しかし、それではもう食物を十分に摂取す

◉—老猿の頭骨の歯

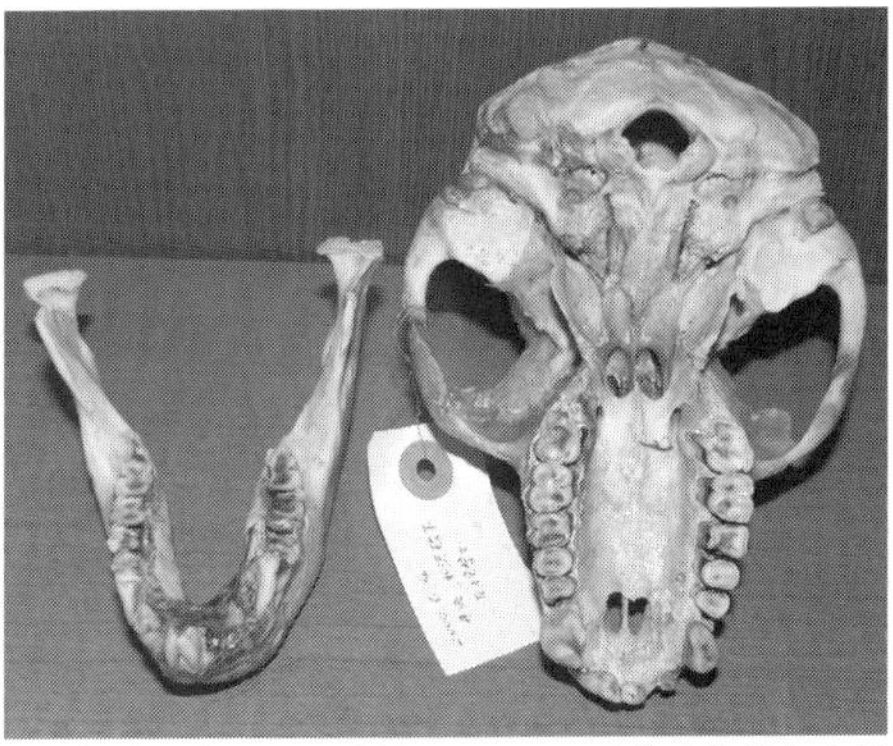

上の切歯は欠けたり磨耗しており、犬歯や臼歯もすり減っている

ることができなくなってしまったのだろう。

野生動物の歯の喪失は死を意味する。

冬季に雪の下の草を食べたり、冬芽や新しい枝や樹皮を食べたりする動物には、サルのほかにもカモシカやシカ、ノウサギがいる。ニホンザルは、硬いキチン質の外骨格をもった昆虫やドングリなどの堅果も食べる雑食であるが、カモシカたちは草・葉・樹皮などの植物だけしか食べない。

カモシカやシカなどの植物食の動物たちの上の歯を見ると切歯はない（次ページ写真）。犬歯はシカにはあるが用をなさない小さなものだ。小臼歯や大臼歯は、まるで幾重にも重なった険しい尾根が曲がりくねったような形をしている。

一方、ノウサギには切歯があり、小臼歯や大臼歯は洗濯板のように山と谷が交互に並んでいる。植物を主食にする動物たちの歯は、ニホンザルとはずいぶん違う。

ニホンザルの奥歯は、食物をすりつぶす臼状になっている。奥歯を臼歯というのもうなずける。では、キツネやタヌキのような肉食動物の臼歯はどうだろうか？

いくつかの鋭くとがった山があり、すりつぶす歯というよりは噛み切る歯になっている。ツキノワグマは食肉目の動物であるが、ニホンザルと同じ雑食性なので、犬歯も臼歯もすり減っている（次ページ写真）。

子どものころ、食事がすんですぐにごろっと横になったりすると、親から「牛になってしまうよ！

◉—いろいろな動物の頭骨を下から見る

シカの犬歯は非常に小さく抜け落ちている穴がある。キツネやタヌキの歯は鋭い。ツキノワグマの犬歯や奥歯はすり減っている

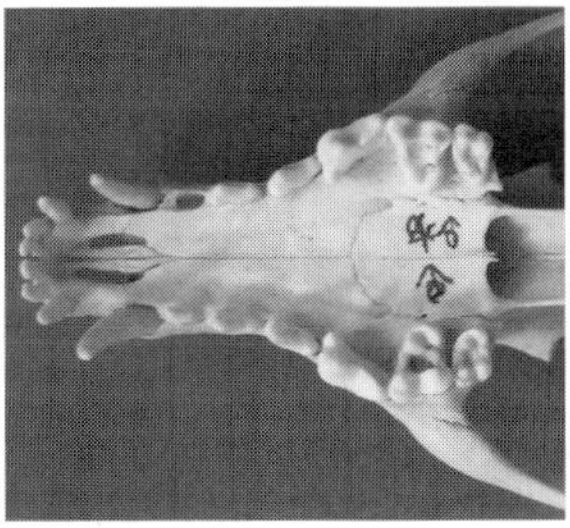

キツネ

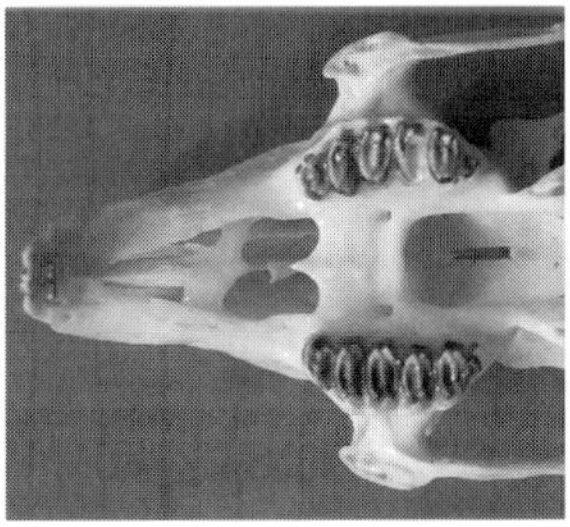

ノウサギ

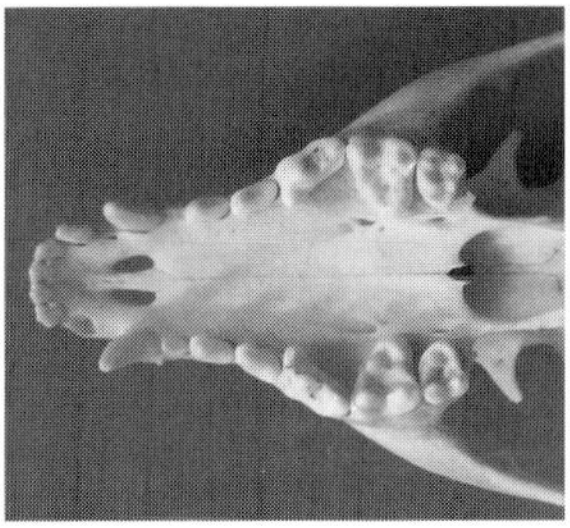

タヌキ

シカ

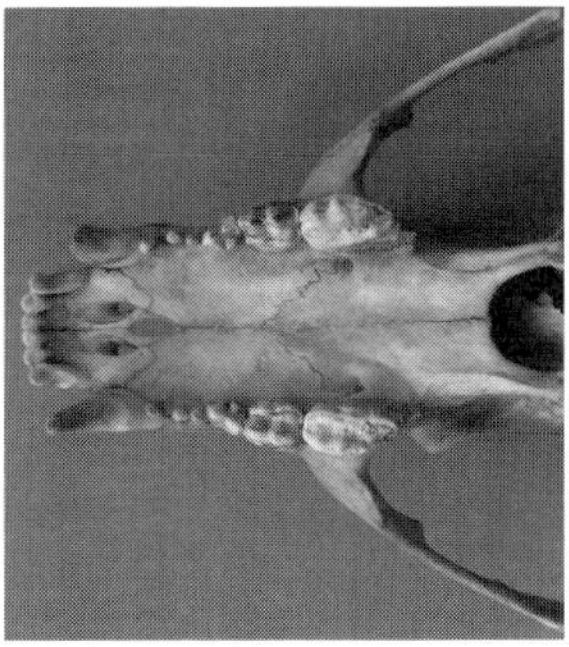

ツキノワグマ

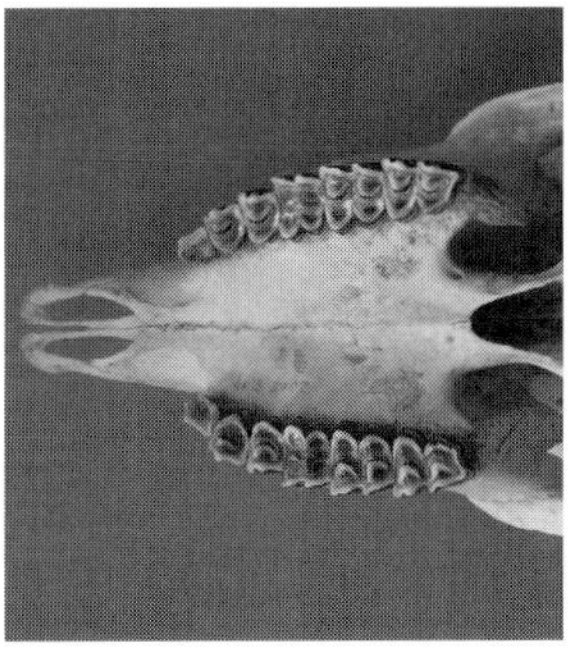

カモシカ

◉―上下の歯の咬み合わせ

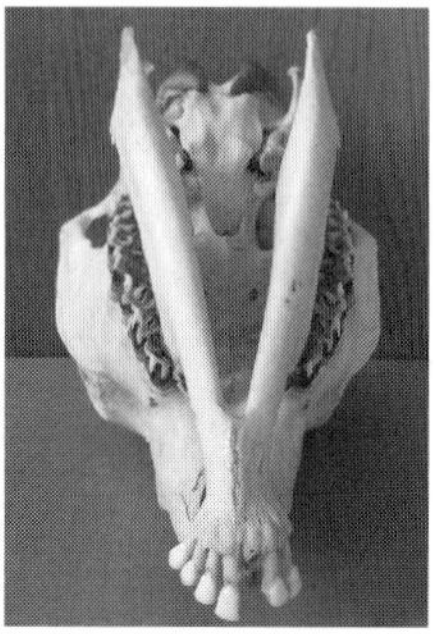
カモシカ

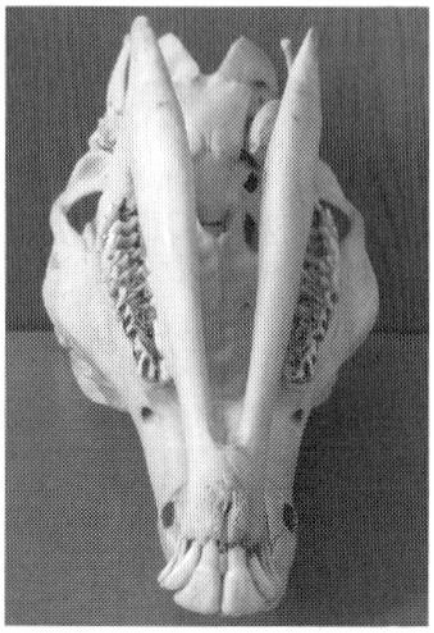
シカ

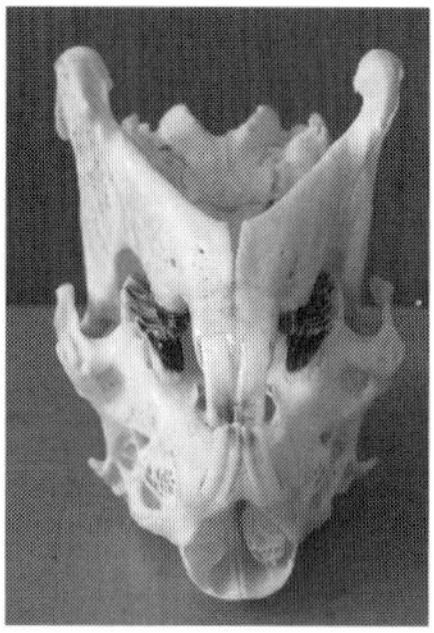
ノウサギ

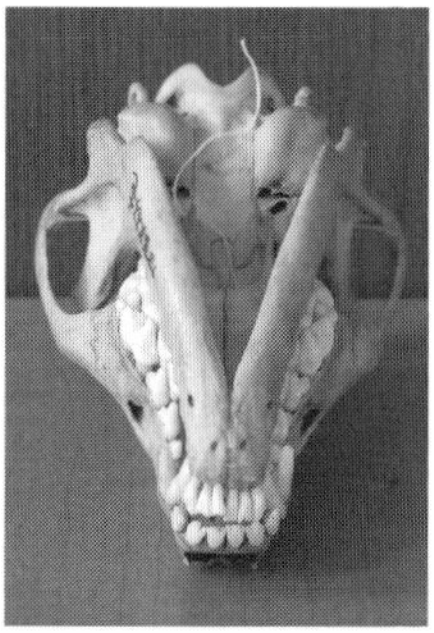
タヌキ

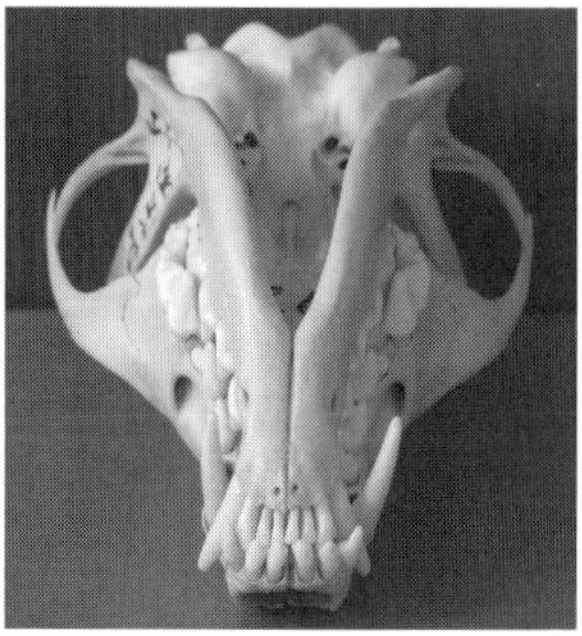
キツネ

行儀が悪いから、やめなさい！」と注意されたものだ。

ウシやヤギは草食動物であり、採食後は草むらに横になってゆっくりと反芻する。このとき、口は上下に動かすのではなく、斜め横に滑らすように動かし、ムシャムシャと咀嚼している。下のあごを前後左右にまわすように動かしているのだ。

そのため、ほとんどすべての草食動物は、上の臼歯のほうが下の歯よりも一・五倍くらい横幅が広く、しかも、下の歯の左右の幅よりも上の歯の幅のほうがはるかに広い（写真）。上の歯をすり鉢、下の歯をすりこぎ棒として、前後左右にこねくりまわすようにしてすり合わせて食物を砕いているのだ。ノウサギは、シカやカモシカ、キツネやタヌキなどとも違って、さらに大きく前後に下顎《かがく》を動かせるような関節になっている。つまり、前後にも大きく歯を動かして食べることができる。

ところで、カモシカやシカは、草木をすり鉢でするようにして細かく砕いても、植物の細胞膜をつくるセルロースという炭水化物を、自分たちの消化酵素で分解することができない。そのため、セルロースを分解・発酵できる酵素をもつバクテリアを、胃や盲腸に共生させている。

そのような鯨偶蹄目反芻亜目の動物たちは、反芻胃などの四つの胃をもっている。食物はまず反芻胃に送られて、バクテリアのつくり出す消化酵素のセルラーゼによって分解・発酵される。それが再び口に戻されて、ムシャムシャと咀嚼され、次の胃に送られて消化され、さらに残りの胃を通って分解・消化されていき、糖に分解された栄養分が小腸で吸収される。さらに、盲腸でも分解・発酵・吸収が行なわれる仕組みをもっている。

カモシカやシカたちは、冬には堅いササの葉まで食べるが、東丹沢で見つかった老猿のようには歯はすり減らない。もうおわかりだと思うが、上あごと舌で引きちぎった葉っぱ類の大半は、四つの胃とさらに盲腸で分解してくれるので、臼歯に力を入れて噛む必要はなく、軽くムシャムシャと咀嚼するだけでよいからだ。また、噛む力がサルに比べて弱いので、それも臼歯が磨耗しづらい原因になっていると考えられる。

同じ草食動物でも、ウサギの仲間は反芻胃をもっていない。ヒトもふくめて哺乳動物は、自前で植物のセルロースを分解・発酵する消化酵素をつくり出すことができないので、ウサギの仲間は盲腸にいるバクテリアの力を借りている。

ウサギは、盲腸で分解・発酵・消化して小腸で栄養を吸収する。未消化の部分は、やわらかい黒いウンチとして排泄される。このウンチをお尻に直接口をつけて食べ、胃のなかの新たな食物とまぜて消化する。

さらに最近の研究によると、硬い便（あのマーブルチョコのような形の、植物繊維ががっしり固まった糞）も食べていることが明らかにされている。

餌をとることができない状況下では、硬い糞を食べてしのぎ、何日も絶食状態になっても、硬い糞をリサイクルしてとことん消化吸収するようである（平川浩文、二〇〇六）。生ゴミを極力出さないエコに徹した食物の利用だ。

ノウサギは、葉や茎や、木の枝や樹皮、草の根など、自分が伸び上がって届く範囲の植物はたいてい食べる。硬い糞も食べるし、バクテリアによる分解・発酵は盲腸での一回だけなのでよく噛まなければならず、何度も歯をすり合わせることになる。だから、カモシカやシカの歯よりも磨耗する。しかし、ウサギの仲間の歯はどれも一生伸びつづける歯なので、逆にすり減らなければ大変なことになる。

実家の幼稚園で飼っていたアナウサギのピーターが死に、庭にお墓をつくって埋めたというので、掘り起こして宅配便で送ってもらった。

ピーターの切歯を見てびっくりだ。異様に伸びている。

こんな切歯をもっていたら、食事を満足にとれなかっただろう（写真）。ピーターはペットとして飼われていたために、伸びてくる切歯を、堅い樹皮を食べたりしてすり減らすことができなかったのだ。やはり幼稚園で飼われていたモルモットの切歯もひどかった。上の切歯の片一方は伸びて曲がり、下のは伸びすぎてまるでデバネズミのように口から出ている。こんな状態でどうやって食事をしていたのだろうか。

もっとも食べるのは、近くのスーパーからいただくキャベツなどの野菜で、木の枝とか樹皮などは食べていない。飼育ケージのなかに、木の板や枝などを入れていたようだが、食物ではないので日常的に齧っているわけではなかったようだ。

◉―ノウサギ（左）と飼いウサギ（右）の頭骨

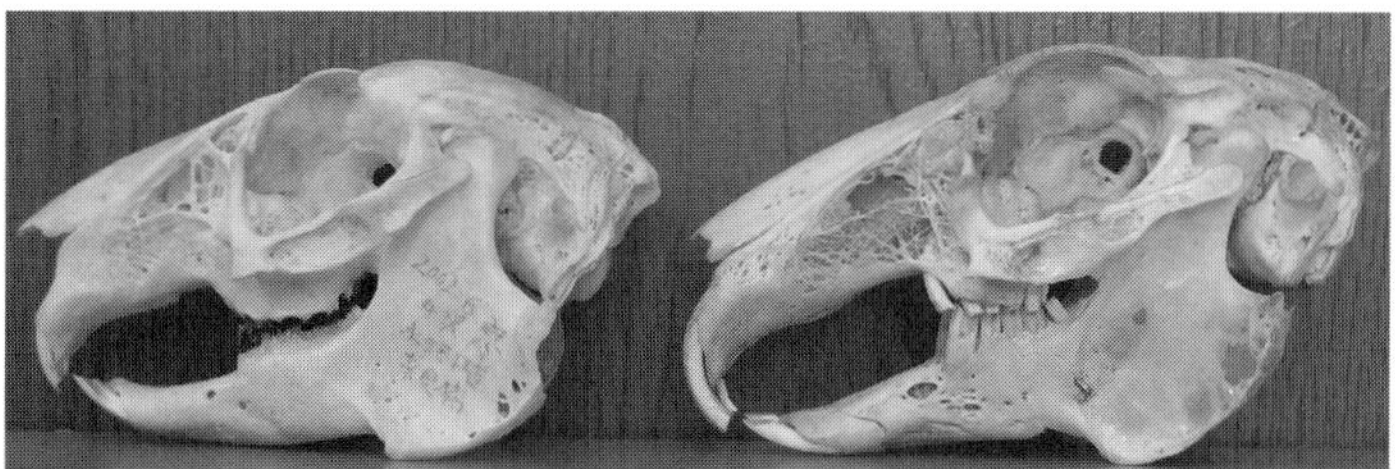

飼いウサギは実家で飼っていたアナウサギのピーター。ノウサギは犬歯も奥歯もすり減っているが、飼いウサギのピーターは歯が伸びすぎている

歯がすり減ったほうがよいウサギやネズミのような動物たちもいれば、歯がすり減らないカモシカやシカのような反芻動物もいる。

多くの肉食動物は、肉をほとんど丸呑みするので、歯の磨耗は少ないが、ツキノワグマのように、根菜や果実やドングリやブナの実のような堅果を食べることが多い動物は歯が磨耗する。だが、果実を噛まないで丸呑みするテンやイタチやタヌキの歯は、あまり磨耗しない。

ヒトはツキノワグマと同じように雑食であり、歯は肉食よりも根菜・穀物食に適したものになっている。切歯で芋類を噛み切り、臼歯ですりつぶす。また、穀類や引き裂かれた肉も臼歯ですりつぶされる。犬歯は短いが、タケノコやヤマイモを噛み砕いたり、肉を引き裂くときに用いられる。肉食動物は獲物を殺す犬歯が大切だが、草食動物や雑食動物では臼歯や切歯が重要だ。

野生動物では、歯がすり減ったり欠けたりすることは、食物を咀嚼できなくなること、つまり死を意味する。ぼくらヒトは歯が全部なくなってしまっても、入れ歯かインプラントで食物を咀嚼する人工の歯をもつことができ、生存しつづけることができるが、野生のサルにとっては歯の磨耗は命とりなのだ。

コラム

密猟されたゾウたちと拾ったゾウの臼歯

一九九八年八月、コンゴ民主共和国のヒガシローランドゴリラで有名なカフジ・ビエガ国立公園に着いた。テレビ番組の取材のためである。

一九九〇年代のルワンダやコンゴは政情不安が続いており、渡航禁止や渡航自粛の地域であった。ルワンダ戦争ともいうべきツチ人とフツ人の闘争がエスカレートして大量虐殺にまで発展し、その部族紛争の影響もあって、ザイール共和国が内乱によってコンゴ民主共和国に変わったり、さらにはコンゴ盆地の内部でのエボラ出血熱や、各地でのＨＩＶ感染の蔓延が、この地を一層貧困かつ不安定なものにしていた。

このころ、ゴリラをふくむ野生動物の肉がブッシュミートとしてアフリカ内部の各地の市場に出まわっていることが欧米の新聞やテレビで報道され、アフリカの野生動物の保護が声高に叫ばれていた。取材目的も、以前番組で取り上げたゴリラの群れのその後の状況を知ることであった。

ぼくらが国立公園に着くと、公園職員の人たちが、公園内で密猟されて殺された数多くのゾウの頭骨やゴリラの頭骨を車に積んで運んできて、ぼくらに見せてくれた。紛争や戦争によって難民となった人たちが公園内の森のなかに隠れ住み、ゾウやゴリラなどの野生動物を密猟して食べているのだ。このような密猟後の残骸が、まだまだ森のなかにたくさん見受けられると話してくれる。

公園の森にはゲリラ化した人々がまだ隠れ住んでいて、なかに入るのは大変危険だというので、兵士とともに公園内部を見まわることにした。なんと、この兵士は十代後半の若者で、ルワンダ兵だというのだ。なんだか東アフリカのこのあたりの問題は複雑である。
ジャングルのなかに入ると、写真のようなゾウの密猟跡が散見された。どのゾウの頭骨も牙がとられている。肉は食べられ、牙は市場に出されているのだ。いや、肉も市場に出されているようだ。事実、ゴリラの頭骨や肉まで、中央アフリカの市場に出ていたのが報道されて、世界中で話題になったこともある。

ゾウの頭骨は説明をしなければどこがどうやらわからないだろう。下の写真の○印は鼻腔で、△印が眼窩、←印は牙がおさまっていた部分である。また、上の写真の白線で囲った部分が臼歯である。

牙である上顎の切歯は、ネズミの歯のように伸びつづける。しかし、歯の出かたは、ほかの哺乳類とはまったく違っている。多くの哺乳類の場合、歯は、上顎骨や下顎骨に対して垂直方向に生えかわる。つまり、乳歯は永久歯が伸びてくるため押し出されて抜けるのだ。ところがゾウではそうではない!

ゾウの歯式(134ページ参照)は1・0・3・3/1・0・3・3で、下顎の切歯は二歳くらいで消失する。小臼歯(乳歯)三本は

ジャングルのなかのゾウの密猟現場

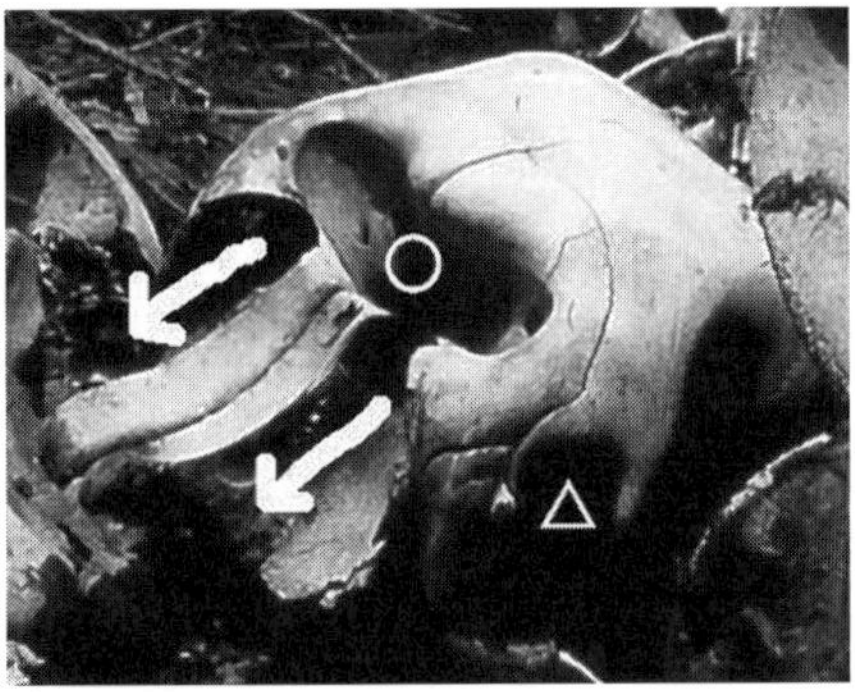
ゾウの頭骨

永久歯に生えかわることはない。子どものときは第一小臼歯が一本ずつで、成長するにつれて歯が磨耗すると同時に、まるで口の奥からエスカレーターで運ばれるように第二小臼歯が水平に押し出されてくる。六回目の最後の第三大臼歯が出てくるときは三〇歳を優に超えるようだ。

タンザニアのマハレ山塊の東側の半乾燥疎開林であるミオンボ地域を歩いていて、焼け野原でゾウの歯を見つけた。もちろんザックに入れて大事に持ち帰った。そのゾウの歯の写真を見ていただきたい。

タンザニアで見つけたゾウの歯

これが歯?と思うほど大きく、しかもこれで一本の臼歯なのだ。

残念ながら今のぼくの知識では、この歯が小臼歯なのか、大臼歯なのか、上下どちらの歯なのか、まったく判断できない。

歯冠部の長さ（写真の左右）が一二センチ、五一〇グラムで、左側（ぼくが持っているほう）が歯茎から出て使用されていたようだ。密猟で殺された写真の臼歯を見ると、歯冠部の長さだけでも軽く三〇センチ以上ありそうなので、ぼくが拾ってきた歯の持ち主は子ゾウの可能性が高い。

左側の歯冠の咬合面（咬み合わせる面）がすり減って低くなっており、しかも歯根も短く、歯冠上部から根の先まで九センチ弱である。右側は歯冠部が欠けてしまっているが、歯冠部が高く、歯根も長く、全長が一二センチを超えるだろう。

11

ガムを噛みながらバッターボックスに立てる動物・立てない動物

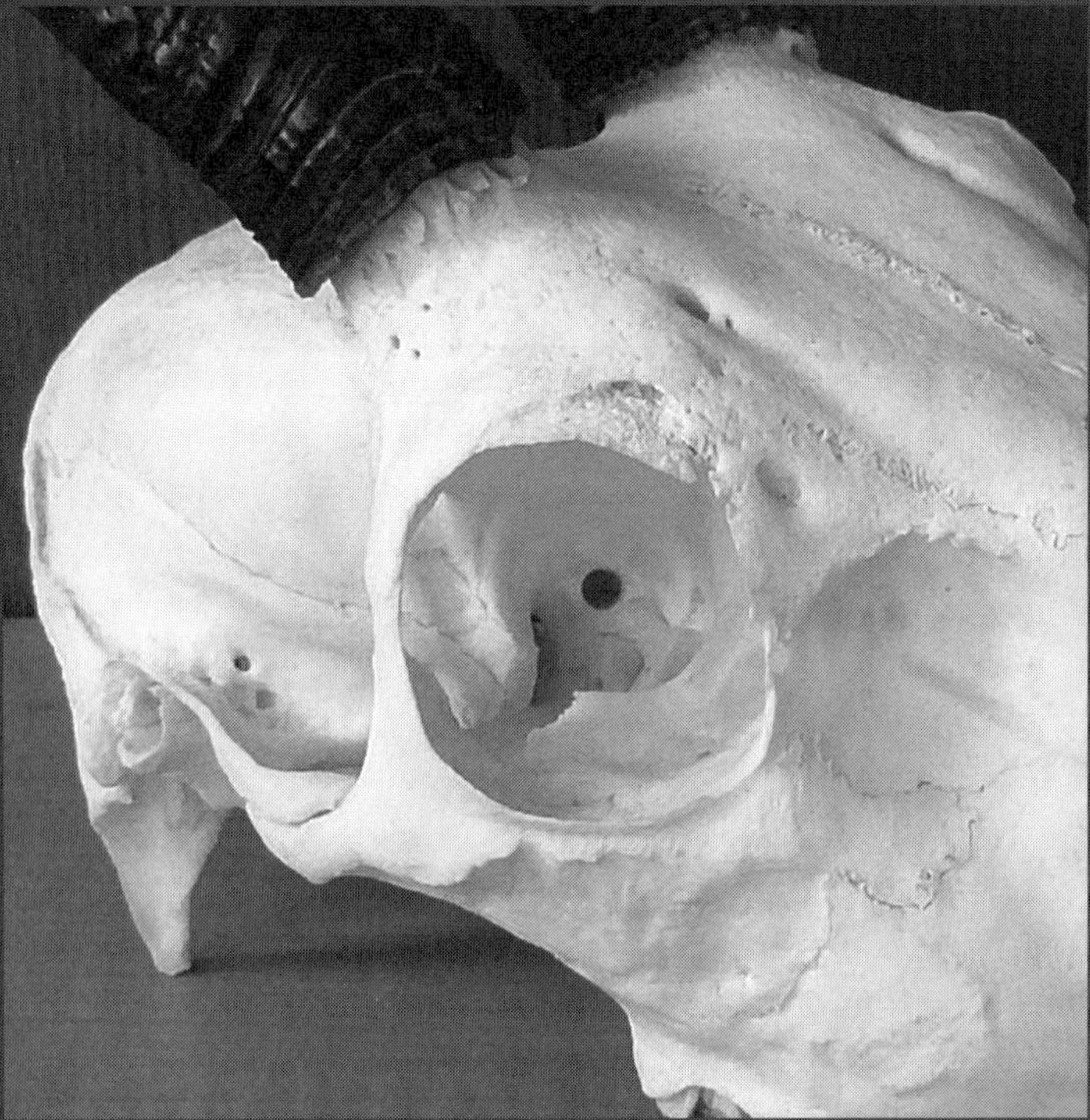

口の動きが目の動きに影響するか否かが問題だ

ニホンザルは発情すると顔や尻が紅くなる。これは、仲間の視覚に、自分が発情して性的に受け入れ態勢ができたことを知らせる合図である。チンパンジーやボノボだと、発情したメスの外陰部が肌色の風船のように大きくふくれ上がる。あるいは、人間の女性たちが口紅を塗るのも、化粧をするのも、衣装を取り替えるのも、第三者の目を意識してという側面がある。

ニホンザルに限らずサルたちは表情が豊かである。

口を突き出し、口をパクパクさせたり、唇を裏返して内皮を出したり、毛を逆立て肩を怒らして歩いたり、ボスが尾を上げて歩いたりという行動も同種の仲間の視覚に訴える表現である。オスザルが大口を開けてアクビをするのも、同じ集団の仲間に強さを誇示するための行動である（「1　アクビは強さの誇示」参照）。

このようにサルやヒトには、視覚に訴える行動が多く見られる。

しかし、サル以外の哺乳類では、同種の仲間の視覚に訴える行動は非常に少なく、嗅覚に訴える行動が多い。そのため、哺乳類の大半が、目はあるがほとんど見えないのではないかと思うほどだ。ツキノワグマ、アナグマ、リス、カモシカ、シカ、ターキン、これらの動物たちは皆、ちゃんと目がついている。が、ぼくらが風下にいる場合、一〇メートル以内に近づいてもじっとしていれば気がつかない。アナグマにいたっては五〇センチ以内に近づいても気づいてもらえない。

いくつかの例をあげよう。

◎ツキノワグマ

木曽でサル調査を行なったときのことだ。斜面につくられた山道を歩いていると、上のほうからカサコソと音がする。見上げたら一頭のツキノワグマがこちらに向かって下りてくる。まだ、ぼくたち二人の存在に気がついていない。近くまできて鼻を突き出して匂いをかいでいる。しかし、気がつかない。距離は四、五メートル先である（詳細は拙著『箱根山のサル』をお読みください）。

◎アナグマ

丹沢の林道を仲間と歩いていたとき、一〇〇メートル先くらいにアナグマを見つけた（写真）。ぼくらの足もとのすぐ近くまで、匂いをかぎながら近づいてきた（詳細は拙著『野生動物発見！ガイド』をお読みください）。

◎シマリス

釧路湿原の遊歩道を二人の学生を連れて歩いていると、シマリスがぼくらの一〇メートルほど前方の遊歩道に出てきた（写真）。さらにもう一頭が加わり二頭のリスがぼくらのほうに近づいてきた。なんと一頭は、ぼくのストックや登山靴の匂いをかいでいる。

◎カモシカ

下北半島でサルを追い駆けているとき、カモシカがぼくの三、四メートル前に現われた（写真）。ぼくはカモシカを見ながらゆっくりザックを下ろし、ビデオを取り出して写す。カモシカとはしばらくこの状態で対峙。彼はぼくが何なのか理解できなかったようだ。

◎シカ

丹沢で林道を歩いていたら、シカを見つけた（写真）。シカたちは、ぼくが何なのかわからないようで、しきりにこちらを凝視する。写真を撮ってさらに近づくと、ビャーっと警戒音をあげて逃げていった。

◎ターキン

秦嶺山脈山麓で、キンシコウの調査の帰路、斜面に子連れのターキン（ヤギの仲間）がいた（写真）。ぼくは静かに斜面を登って近づいていった。彼女はぼくに気がつき、こちらを見ている。ぼくが五、六メートルまで近寄ると、彼女はゆっくり立ち上がってぼくを見つづけた。ビデオを彼女に向けると、はっとしたように急に上へ登っていった。

これらの六種類の動物たちのうち四頭は向こうから近づいてきたのだが、ぼくが動かなかったので

◉—目の悪い動物たち

アナグマ

シマリス

カモシカ

シカ

ターキン

気づかなかったのだ。シカやターキンの場合は、ぼくが体を左右に揺らすことなく静かに近づいていったので、ぼくが何だかわからなかったのだ。

彼らの目が悪いのには理由がある。

それは、色覚障害があって色の区別が難しいこと。さらに、彼らの眼球の位置から、両方の目で物を見るには、物が顔の正面になければならないことだ。

サルなら、斜め前に物があっても、すぐにその位置や距離がわかる。それは、目が顔の前面についているので、眼球を動かすことによって両目で一つの物を見ることができるからだ。

次ページの写真は、アナグマ、ツキノワグマ、リス、シカ、カモシカ、ターキン、ニホンザルの頭骨である。目の位置を○印で示しているが、ニホンザル以外は、目が頭の横についていることがわかるだろう。

見たい物が正面にあるときは両目で見ることができるが、左右どちらかに少しでもずれると、片目でしか見ることができない。片目でも大丈夫ではないかと思うが、片目では立体的に見ることができないのだ。両目で同時に物を見てこそ、その物の大きさや距離を判断できる。

では、皆さんにここで実験をしてもらおう。

片目をつぶって、両手を肩幅の広さでまっすぐ前に突き出してください。そのままの体勢で、両手の人さし指を互いに向き合うようにします。そうしたら、左右の人さし指の爪先を、片目をつぶった

◉—目が悪い動物たちの目の位置

サル以外の眼窩は頭骨の側面にあり、正面を向いていない。つまり、両目で物を見るためには、物が顔の正面になければならない

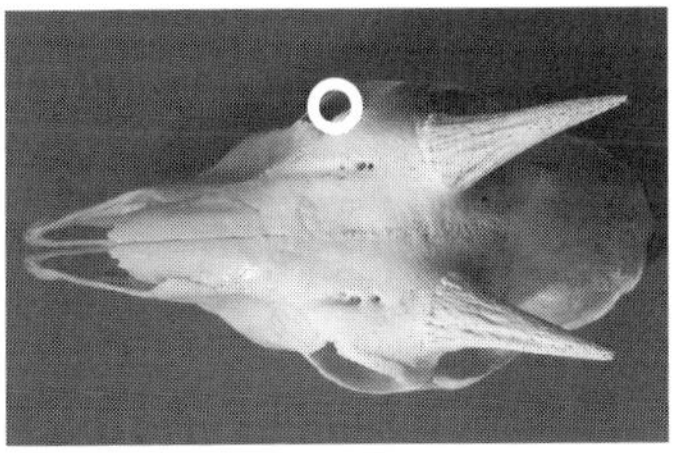

カモシカ

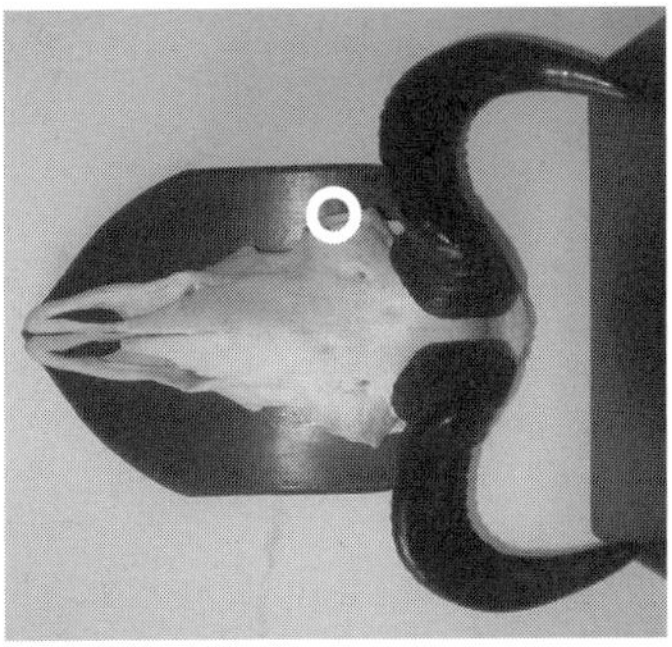

ターキン

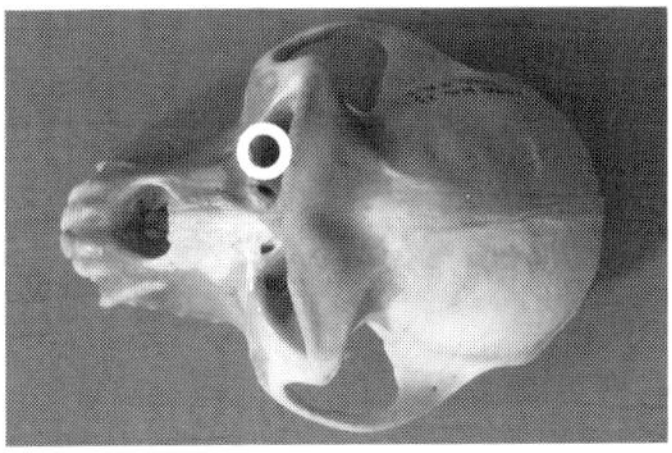

ニホンザル

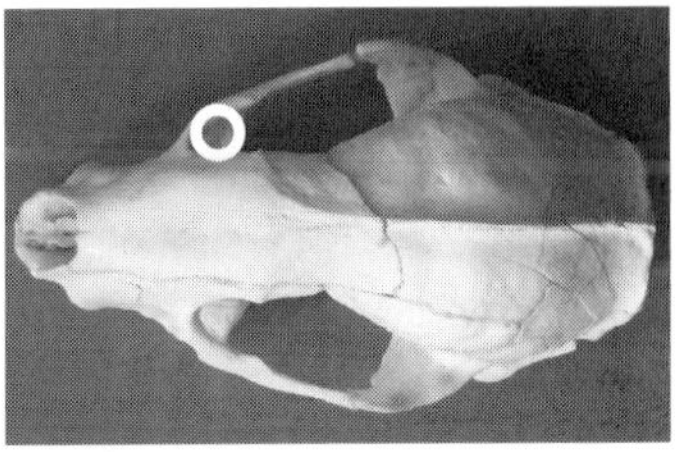

アナグマ

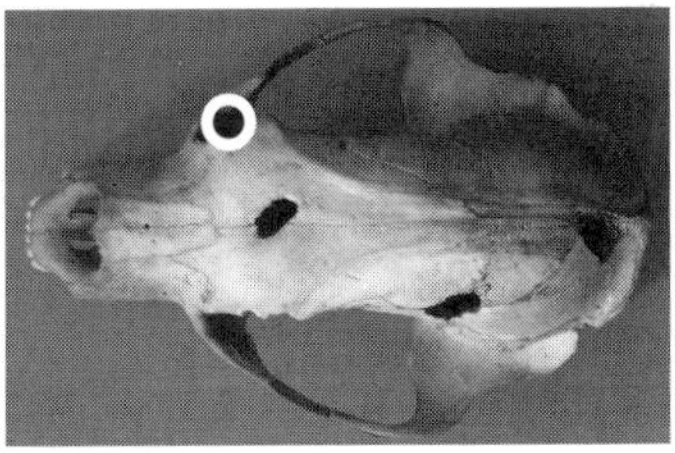

ツキノワグマ

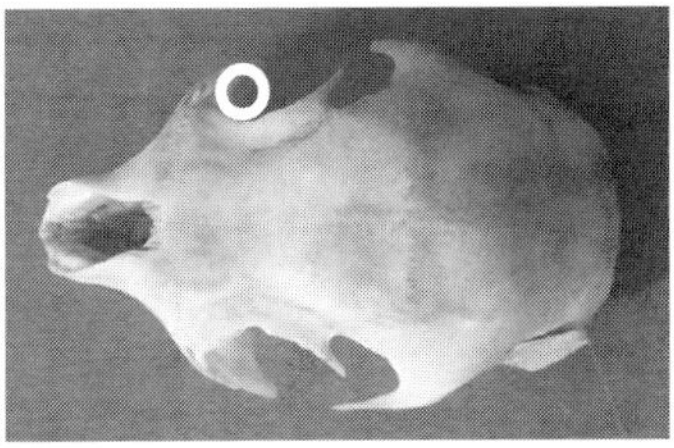

リス

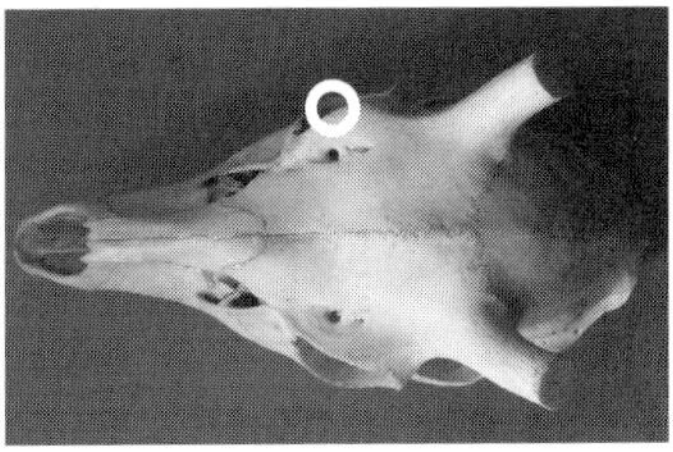

シカ

まま接触させてください。

どうですか？　うまく爪の先どうしをくっつけることができましたか？

では、次に両目を開けて同じことをやってください。今度は、いとも簡単に爪の先どうしを接触させることができましたね。

これは両目を使って爪先を見ることができたからである。両目だと距離がはっきりわかり、物の奥行きなどがわかる。これが立体視だ。両目で同時に物を見ることによって、物までの距離が判断でき、遠近感がわかり、物の大きさを比較することができるのだ。

ここでニホンザルの髑髏《どくろ》を見てほしい。

どのサルも眼球が入る眼窩は、顔の正面を向いていることがわかるだろう。サルは目が顔の前についているので、物が正面になくても一瞬のうちに両目で見ることができ、物を立体視することができる。つまり、バッター

◉—ニホンザルの髑髏（左メス、右オス）

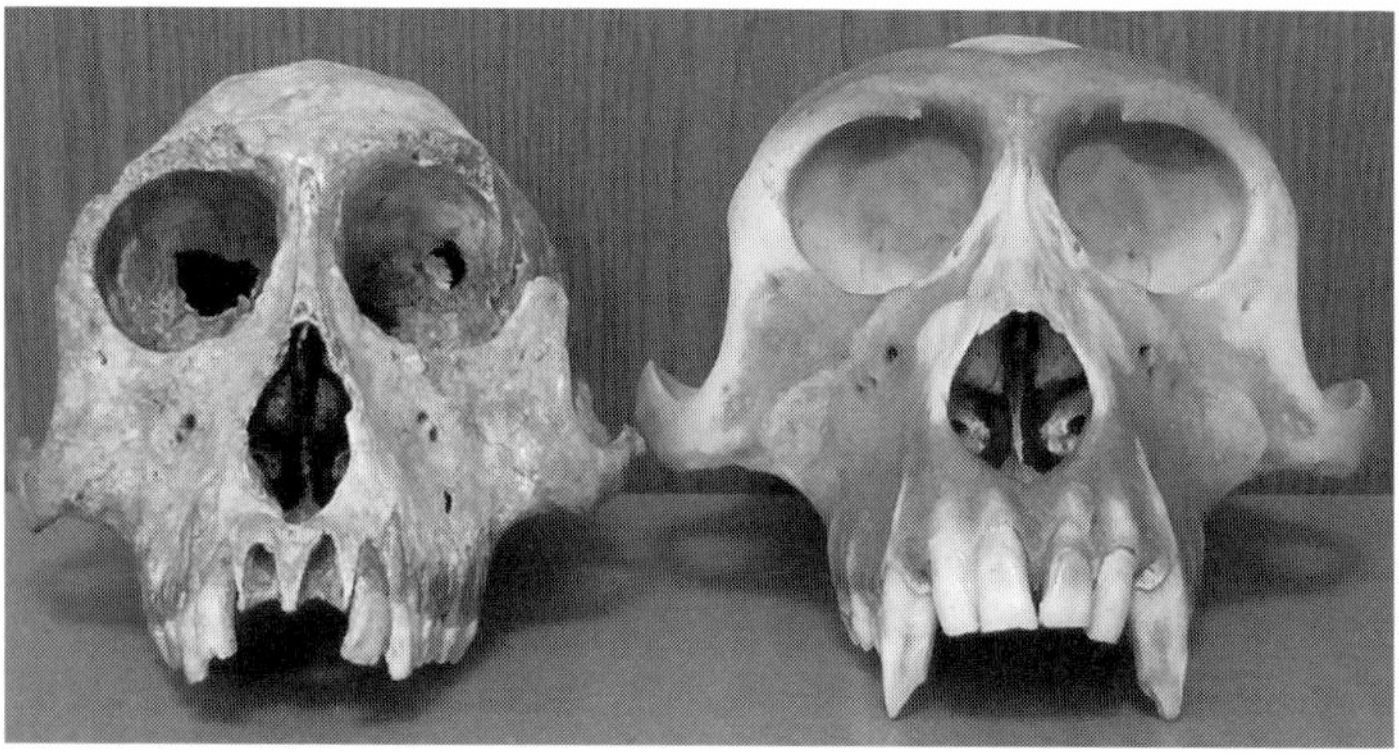

眼球が入る眼窩は顔の正面を向いている。つまり、物が正面になくても両目で見ることができるのだ

ボックスに立ったときに、ピッチャーに対して正面を向かなくても、横目でもボールを立体視できているのだ。

違いはそれだけではない。

サルの眼球は、まわりが骨で覆われた眼窩で守られていて、下顎骨の突起が入る側頭窩とはしっかり区別されている。つまり、下顎を動かすために側頭筋などが動いても目にはまったく影響がない。口を開けても閉じても、目玉には関係ないのだ。

しかし、ツキノワグマやアナグマたちは口を開け閉めすると目玉に影響する。ネコやイヌもそうだ。

それは、ツキノワグマやアナグマやカモシカたちの眼窩と側頭窩には明確な区別がなく、側頭窩には、下顎骨の筋突起と、頭頂骨の側面部に張りつく側頭筋や、ほかの咬筋や眼球を動かす筋肉が入り組んでいるからだ。

つまり、側頭筋が動くと、眼球を左右上下に動かす筋肉に影響し、眼球が少し動いてしまう。ということは、口を動かしていては、ネズミなどの素早い動きをする小動物を捕まえられない。

◉—ニホンザル（左）とネコ（右）の眼球の違い

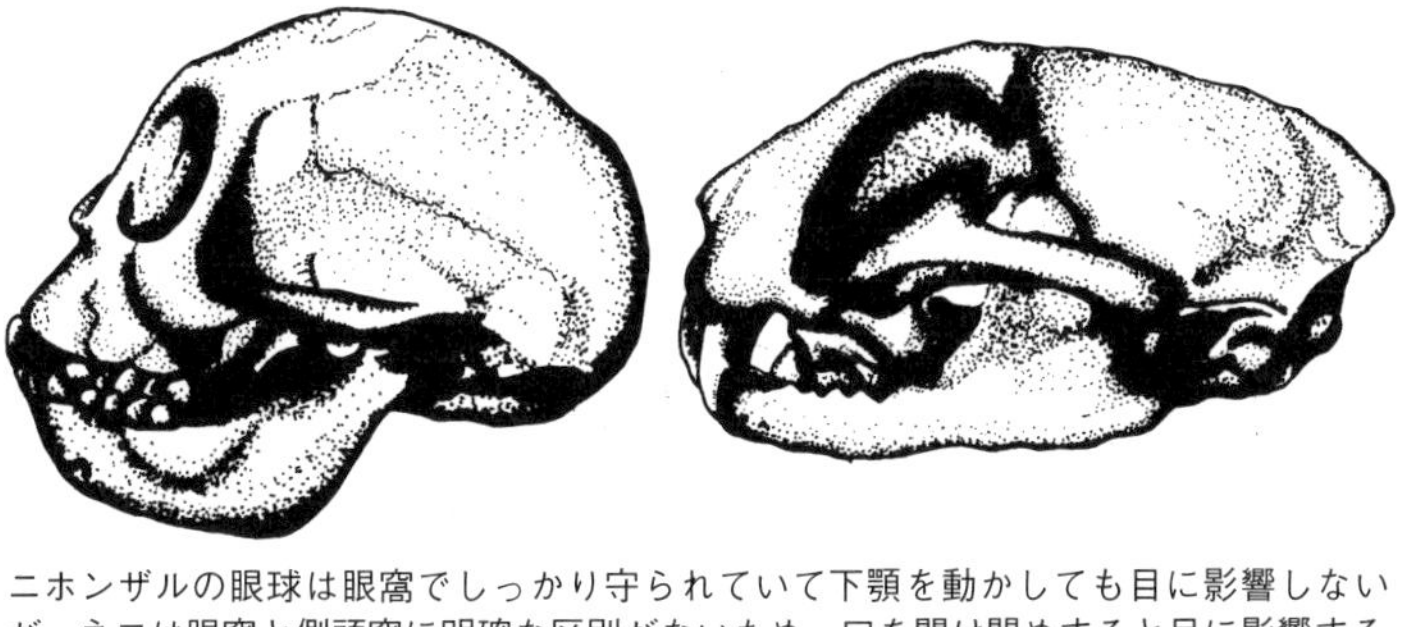

ニホンザルの眼球は眼窩でしっかり守られていて下顎を動かしても目に影響しないが、ネコは眼窩と側頭窩に明確な区別がないため、口を開け閉めすると目に影響する

しかし、どうだろうか？　アメリカのプロ野球選手たちは、ガムをクチャクチャ噛みながらバッターボックスに立って、投手の投げる時速一五〇キロ以上もあるボールを打つことができる。もちろん、ピッチャーがボールを投げるときの数秒間は、口を動かさないだろうが、たとえ動かしていても打つことはできるだろう。こんな芸当ができるのはヒトをふくむ真猿類と呼ばれるサルの仲間だけだ。それは、人間をはじめとするサルの仲間の目が壺状の骨で守られているからだ。

サルはほかの哺乳類とは違って目（視覚）の動物だ。

サルたちはほかの哺乳類のように匂いによって食物を見つけたり、異性を見つけたり、歩きまわったりするのではなく、視覚によって枝から枝へ飛び移り、果実の色づきを確かめ、発情の徴候や仲間の表情を読みとっている。

つまり、生活するうえで目が非常に重要な役目をになっているために、守られるようになった。あるいは、目が守られているから、視覚が生活上の重要な役目をになえると言える。

ニホンザルは木から木へ飛び移る。

◉一口の動きが目の動きに影響する動物たち（左シカ、右カモシカ）

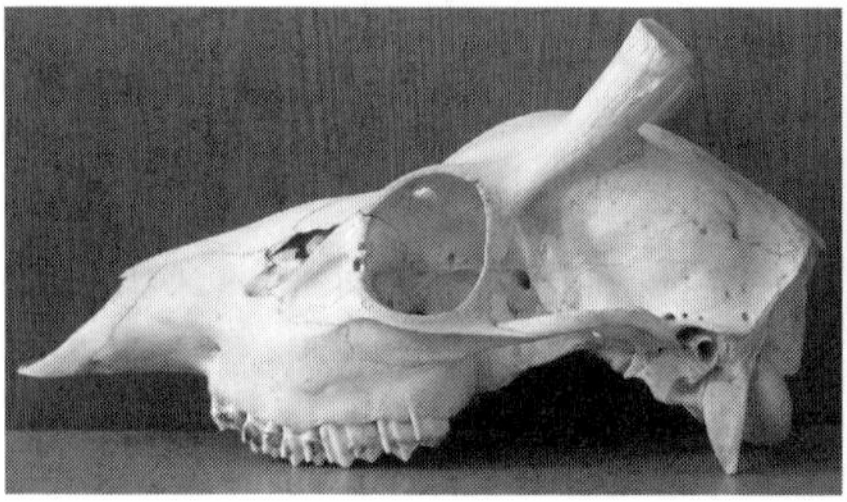

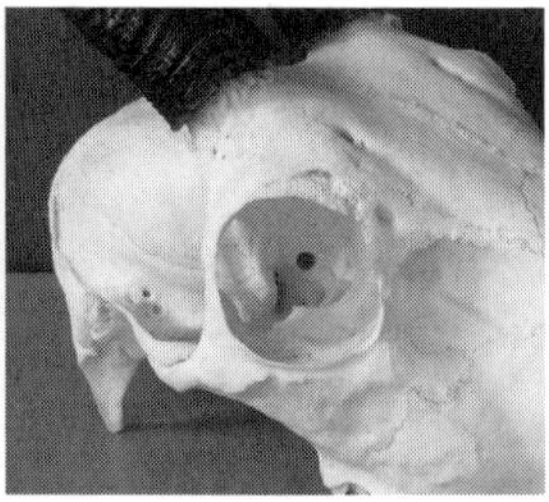

眼窩が独立していないため、口を動かすと目玉も動く

順位の高いサルに攻撃されて逃げるときは、一瞬の判断のもとに枝から隣の木の枝に飛び移らなければいけない。ためらっていると捕まって犬歯で噛まれてしまう。このとき、顔の正面を飛び移る方向に向けなくても、飛ばなくてはいけない距離を判断できる。もちろん、口のなかに採ったばかりのサルナシやアケビの実が入っていて口を動かしていても、隣の木に飛び移ることができるのだ。

哺乳類は恐竜たちが闊歩していた中生代に誕生した。恐竜には巨大で獰猛な肉食恐竜もいる。体に毛が生え、体温が一定して、赤ん坊にミルクを与える哺乳類たちは、恐竜たちに見つかって食べられないように、恐竜たちが寝静まる暗闇のなかで活動した。

暗闇は色のない世界であり、音と匂いの世界である。食物を見つけることはできないし、外敵を見つけることもできない。さらには、相手の表情や行動によって仲間とコミュニケーションをとることもできない。

暗闇で有効なのは、匂いをかぎ分ける嗅覚と、音を聞きとる聴覚能力である。食物の匂いや恐竜の匂い、あるいは仲間の発情の匂いを素早く感知したり、恐竜の足音や息づかいを聞き分け、音声によって仲間とコミュニケーションをとる聴覚を発達させなければ生きていけない。約一億九〇〇〇万年間の暗黒世界での生活で、哺乳類たちの視覚はどんどんおとろえていき、聴覚と嗅覚が発達していった。

恐竜が突然絶滅し、六五〇〇万年前に哺乳類の時代と言われる新生代に入っても、哺乳類たちはおとろえた視覚を取りもどせないでいる。多くの哺乳類が夜行性なのも、恐竜を恐れて暮らしていた暗闇生活のなごりである。一方、サルの祖先はほかの哺乳類たちが利用しない樹上へと進出して昼間に活動しはじめ、しだいに視覚を取りもどしたのだ。

コラム

オオタカが教えてくれたイノシシの死体

東丹沢の伊勢沢林道の終点を過ぎて、伊勢沢にそってついている踏み分け道をつめると、最後は数メートルを超す岩壁が立ちはだかる。この壁を巻いて登っていくと間もなく焼山・姫次《ひめつぎ》・蛭《ひる》ヶ《が》岳《だけ》の登山道に出る。

この日は早春の山野草の芽吹きや花を求めて歩いていた。岩壁でウワバミソウやホトトギスのやわらかそうな芽生えを見ているうちに、雨が降りそうになってきたのでUターンして戻ることにした。沢ぞいの踏み分け道を歩いていると、大きな猛禽がぼくのすぐ横をすーっと音もなく飛んでいった。

なんだ?と思い、鳥が飛び立ったと思われる方向に目をやると、写真のイノシシが目に入った。飛び立った猛禽はオオタカであることがあとでわかった。オオタカはイノシシの頭から胸にかけての肉を食べていたようである。肩甲骨や

道で見つけたイノシシの死体

下顎骨などが剥き出しになっている。

その時点でぼくが持っているイノシシの頭骨は、岡山県の天然記念物「臥牛山《がぎゅうさん》のサル」の調査に行ったときに地元の人からもらったものだけだった。それは、左側面が肉食獣たちに齧られたようで、側頭骨や頬骨弓さらには下顎骨の関節部分が大きく欠けていた。

このイノシシの死体は、写真を撮ったあと、頭をカッターナイフで切り離し、いつも持っている大きなビニール袋に入れてザックにおさめ、強くなってきた冷たい雨まじりの雪のなかを走るようにして車まで戻った。寒かったが、それ以上にイノシシ頭骨収穫の喜びにあふれていて手のかじかみも気にならなかった。

昼過ぎに帰宅し、すぐに一部残っていた顔面の毛皮を剥ぎ、肉を落として、深めのプランターに入れて水を浸し、上からサランラップで覆ってまわりをしっかりガムテープでおさえ、腐敗を待った。

三カ月後、欠けた部分がどこにもない完全無欠なメスイノシシの頭骨ができた（174、180ページの写真）。

オオタカが飛び立たなかったなら、この頭骨は今ぼくの手もとにはないのだ。

オオタカに感謝！

12
ヒトの出っ歯はゾウの牙？

大きな牙をもつアフリカゾウ（写真提供：種村由貴）

小雨がしょぼつく上野動物園の正門前、今日は学生たちと一〇時に待ち合わせている。梅雨時の丹沢で野生動物実習を行なうと、カヤ場のようなところを漕ぐようにして歩けば、それだけで全身ずぶぬれになるし、飽和食塩水のヒル避けも雨露で効かないので、いつも六月は上野動物園での実習となる。

皆、揃ったので、動物の図柄が印刷されたチケットを切ってもらって正門をくぐると広場になっている。広場の左のほうにゾウ舎があり、その前に群がる幼稚園児たちの歓声が聞こえる。ゾウの大きさと鼻の長さや牙の大きさに驚いているようだ。

ぼくらもゾウ舎の前に行くと、相合傘の若いカップルがいる。

女性「ゾウの牙は犬歯ではないこと、知ってるぅー?」

男性「????　それどういうこと?」

彼女は、してやったりと白い切歯を出した。

切歯は、ぼくらヒトには上も下も左右二対《つい》ずつある。ネズミやリスだと一対ずつであることは、多くの人たちが知っている。

でも、イヌの切歯は何本?

ネコの切歯は何対あるいは何本ありますか?

とたずねると、家族の一員として一緒に生活しているペットたちのことなのに、もうまともに答えられる人は少なくなる。

ニホンザルやチンパンジー、ゴリラもヒトも切歯の数は同じだ。

そればかりではなく、ヒトをふくむアジア・アフリカ生まれのニホンザルやキンシコウやゴリラなどの狭鼻猿は、まったく同じ歯の並び方をしている。片側の歯の数（上／下）は、切歯2／2、犬歯1／1、小臼歯2／2、大臼歯3／3だ。これを歯式という。

哺乳類の基本的な歯式は、切歯3／3、犬歯1／1、小臼歯4／4、大臼歯3／3である（写真）。

歯の数は、減ってゼロになることがあったとしても、増えることはない。つまり、切歯が四本だ五本だということはありえないが、ヒトやサルのように二本になったり、ネズミのように一本になったり、シカのようにゼロになることはあるのだ。

次ページの写真を見てほしい。

タヌキ、ノウサギ、ハタネズミ、イノシシ、ニホンザルの頭骨を底面から撮ったものである。上顎の歯式はノウサギ

◉—哺乳類の基本歯式

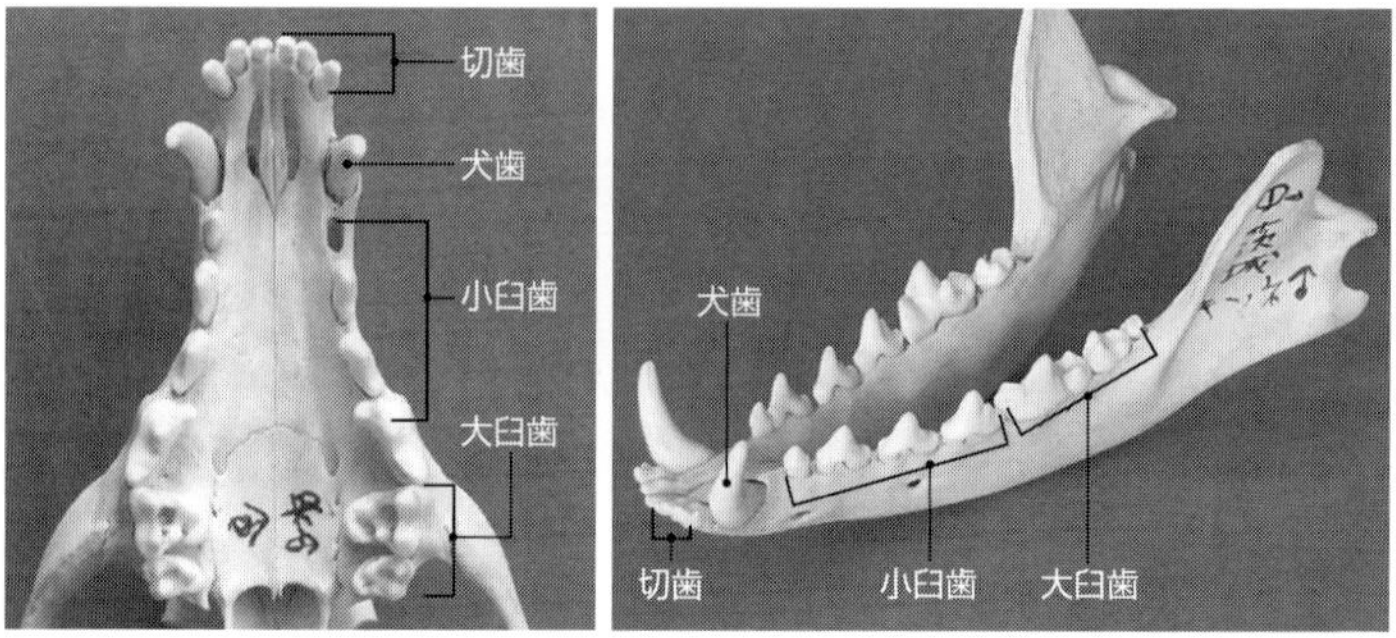

キツネの上顎（左）は、切歯が３本、犬歯が１本、小臼歯が４本、大臼歯が２本。下顎（右）は、切歯３本、犬歯１本、小臼歯４本、大臼歯３本となり、上下の歯式が少し異なる

2・0・3・3、タヌキ3・1・4・2、イノシシ3・1・4・3、ハタネズミ1・0・0・3、ニホンザル2・1・2・3である。

ハタネズミやノウサギの切歯は、前顎骨の先端にある。

また、タヌキやニホンザル、イノシシの切歯は、誰が見ても、どれが切歯かわかると思う。口の前のほうにあって、犬歯よりも前の歯だ。

◉―いろいろな動物の歯の数（上顎）

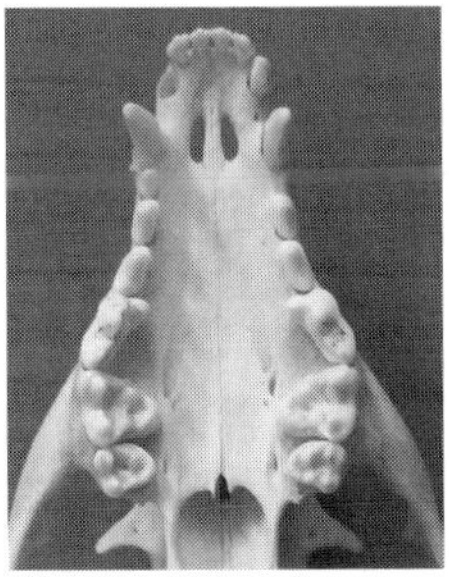
タヌキ

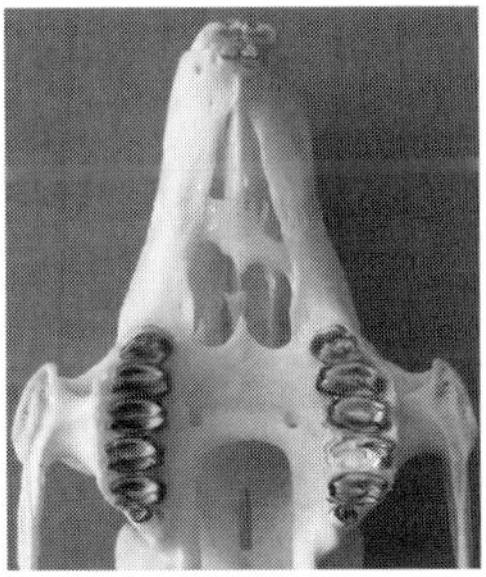
ノウサギ

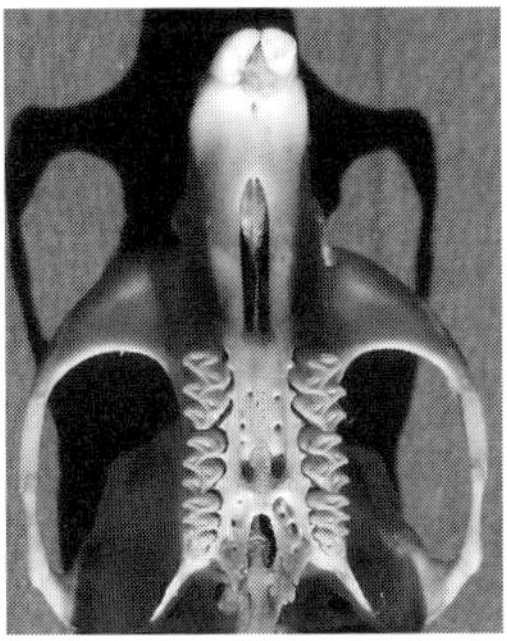
ハタネズミ

イノシシ

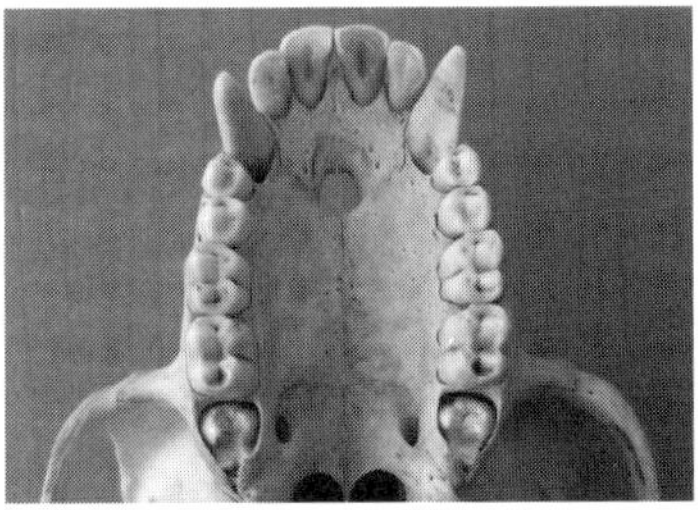
ニホンザル

歯式と照らし合わせてみると、ハタネズミやノウサギには犬歯がないのもわかる。

では、下の写真はどうだろう?

これはトガリネズミの口を横から見たものである。

どこまでが切歯だろうか。

犬歯はどれだろうか。

お手上げだ。

前顎骨から出る歯が切歯なので、頭骨を見ないと判断できない。

◉―トガリネズミの歯を横から見る

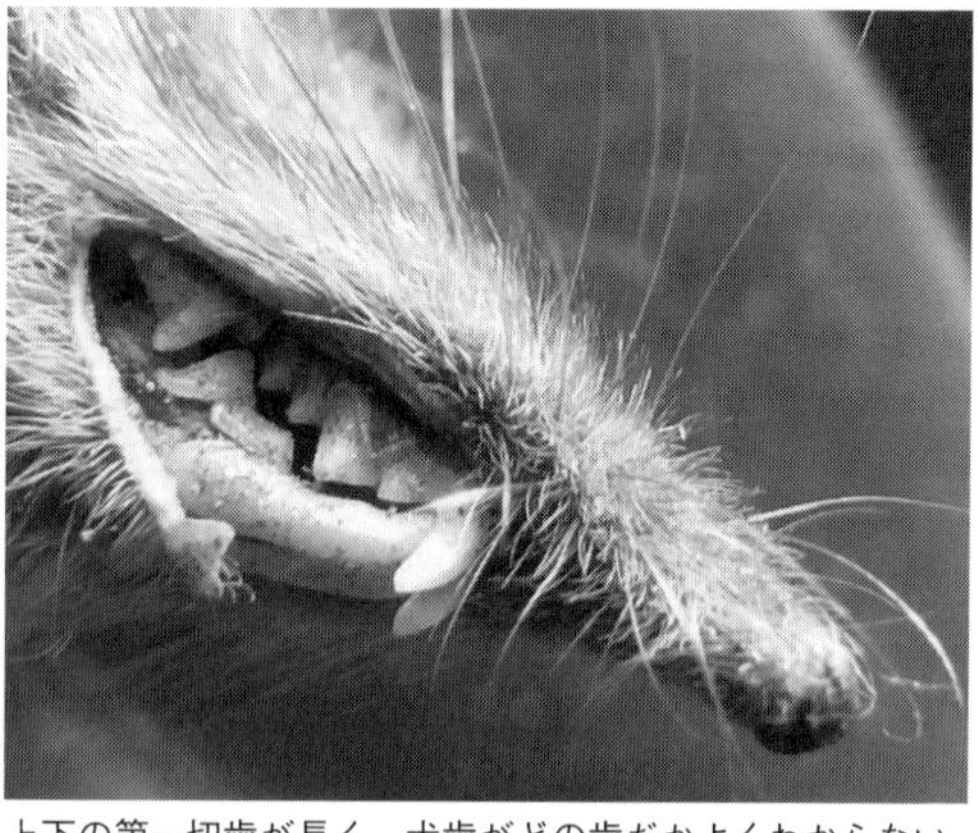

上下の第一切歯が長く、犬歯がどの歯だかよくわからない

ぼくらは、イヌやネコの歯を見なれていたり、また、吸血鬼ドラキュラ伯爵の犬歯のイメージがあったりするので、切歯よりも犬歯が長く鋭いと思いがちだ。

だが、ネズミの仲間やウサギの仲間、さらにトガリネズミやヒミズの仲間も、一対の切歯がほかの歯よりも長く、まるで犬歯(牙)のようである。

切歯が長く目立つのは、ネズミやウサギ、トガリネズミだけではない。赤塚不二夫の漫画『おそ松くん』に登場する、シェーのポーズのイヤミ氏の出っ歯は非常に有名である。しかし、イヤミ氏の出っ歯はなぜか一対の切歯だけではないのだが、ここでは問題にしないでおこう。出っ歯になるのは一対二本の切歯だけであって、二対四本の切歯が出っ歯になって目立つことは少ない。というよりも、四本の出っ歯はありえない。

ところで、ゾウの牙は切歯だということをご存じだろうか？

牙と呼んでいるので、牙＝犬歯と思ってしまいがちだが、あれは決して犬歯ではない。前顎骨から出た第二切歯だ（コラム「密猟されたゾウたちと拾ったゾウの臼歯」の写真参照）。

もちろんマンモスの牙もそうである。

ゾウだけでなく、切歯が信じられないような状態に伸びる動物もいる。氷の海の北極海に棲むクジラの仲間のイッカクは、オスの左の上顎の第一切歯がヤリのように伸びて一メートル半から三メートルにまでなるようだ。まれに左右の一対の切歯が伸びたり、メスにも伸びる個体がいるようだ。

このように、出っ歯になって飛び出すのは一対か一本の切歯であり、それは、ネズミもゾウもイッカクもヒトも変わらない、動物形態学上の法則のようなものかもしれない。

◉—イッカク

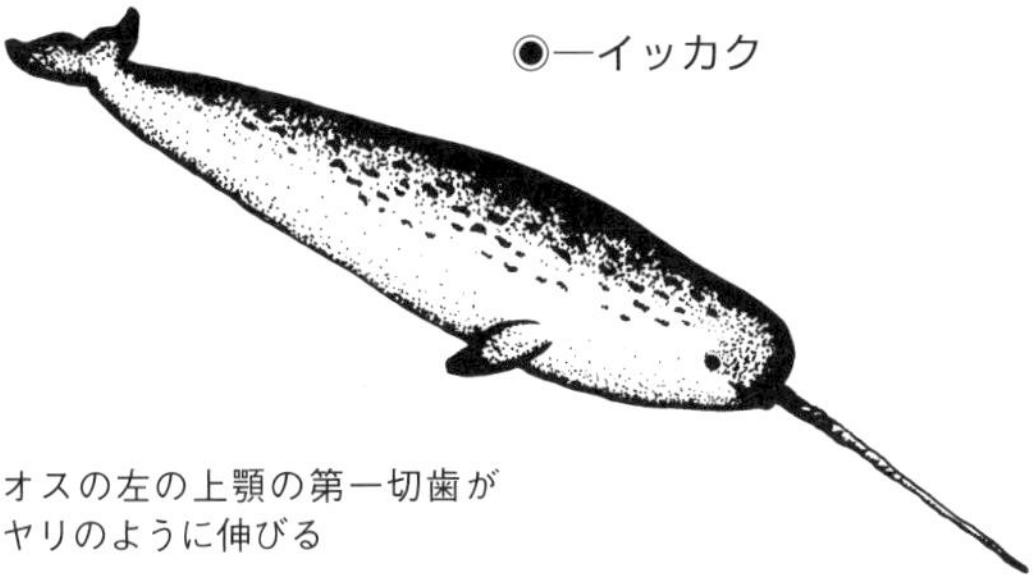

オスの左の上顎の第一切歯がヤリのように伸びる

コラム

——愛犬クロの死と頭骨

クロは生後三カ月のときに、知り合いからもらってきた雑種オスの中型犬である。

我が家は窓ガラスを割られて空き巣に入られたこともあるし、二人の娘たちは小さかったので、イヌでもいれば何かと安心だと思い、話を聞いてすぐに決めた。名前は娘たちがクロと決めていた。

クロは隣の家にやってくるお客さんや新聞配達人、郵便屋さん、宅配便の配達人などを見ると、大きな声で吠えた。散歩をしても綱をひっぱるようにして歩いた。

立派なイヌになってもらおうと思い、クロを横浜の警察犬訓練所に半年間入れることにした。この訓練所には家族で長期の旅行に出かける場合など時々クロを預かってもらった。引きとりに行くとなんとなく痩せてスマートになっており、ぼくらに対して激しく尾を振った。訓練所から戻ってきたクロの吠え声は、シェパードのように太く低く大きく怖そうな声となっていた。吠えることは相変わらずであった。

クロは風の強い日や雨の日には、庭に面したガラス戸を激しくがりがりと掻きむしった。ガラス戸の前の網戸はズタズタになるし、しかも哀しげに鳴くので、時々家のなかに入れるようになった。足を洗ってもらって部屋に入ったクロは、これほどの幸せはないと言わんばかりの様子であった。

クロを連れて歩くと、「かわいい素敵なイヌですね！」と声をかけられることがたびたびあった。前方から女性が来ると、クロは明らかに胸を張り、顔をちょっと右斜めに傾けて歩いた。まるで女性から誉められるにはこのポーズだと言わんばかりに歩いた。

大きなイヌとすれちがいざま、そのイヌがクロに飛びかかろうとしているのを飼い主が苦労して綱をひっぱっていても、クロは一人悠然と胸を張って歩いた。相手がシーズのような小さなイヌでも、まったく、ほかのイヌの挑発にはのらなかった。

が、ネコは別だった。散歩していてネコを見つけるとネコに飛びかからんばかりになった。ネコは、庭で鎖につながれて飼われているクロのすぐ前を堂々と歩いた。クロがつながれている鎖の長さを見切っているようだった。クロもそれを知っているので、四〇～五〇センチ目の前をゆっくり歩くネコには眠ったふりをしていた。

散歩中のクロのネコに対する怒りにも似た激しい行動を知っているので、クロとしては眠ったふりでもしなければ、その屈辱に耐えられなかったのだろうと思う。

年に一、二度、クロはすきを見つけて家出した。丸三日も帰宅しないこともあった。たいていは泥だらけに汚れて、恥ずかしそうに戻ってきた。何度かは道路を隔てた前の家にいるところを捕まえられた。その家の誰もが犬好きなので、まずは前の家に身を寄せて、ご主人に頭をなでられながら連れてこられた。このようなときのクロの表情は、不良少年が大人に謝るときのふてくされた感じに似ていた。「身体が汚くなったし、腹も減ったし、ゆっくり寝たいし……だから今日は言うことを聞くよ」という表情だ。

三年間、アフリカへ行って留守をしていた間にクロがすっかり変わっていた。痩せているのだ。体にはダニがたくさんついていた。目に見えるほどダニが動きまわっている。体を洗い、ダニ避けの白い粉薬を体中にかけ、ダニ避けの薬のついた首輪をつけてやった。

ダニがいなくなったなと思っていたら、今度は元気がなくなった。フィラリア症かな？　内臓の病気かな? と思って近くの獣医に連れていった。病名はわからなかった。最後は顔が腫れ、腫れをとるために注射針を刺すと膿が激しく出た。目が乾いて閉じることができなくなり、獣医からもらった薬を塗ってやったが、目が開いたまま玄関のたたきに敷いた敷物の上で丸まったまま死んでいた。一四歳半の命であった。

庭に穴を掘って、クロを埋めた。大きな穴が必要であった。

クロが死んだら、毛皮は剥いて、尻皮にしたい。首を切って頭骨をとりたい、と思っていたのに、涙を流しながら穴を掘るとはまったく考えてもいなかった。首を切ることも、皮を剥くこともしないで、ただ涙をこぼしながら穴を掘った。

半年以上たったある日、娘が、

「お父さん、クロはもう骨になっているのではないの?」

と言ってきた。

クロの骨をとろうなどという考えは、穴を掘っている時点でもう消えていた。だから、娘に言われたときは、「おー、そうだな」と大きな声を出して自分の気持ちをごまかした。

掘ってみると、肉はどういうわけか腐っておらず、肉や皮がチーズ状、蝋状に変わった、いわゆる死蝋化《しろうか》した状態となっていた。ぼくは首をまわして頭を胴体から離し、皮を剥いて軽く煮て水に浸した。そうして腐らせてから、何度も水に晒してでき上がったのが、クロの頭骨である。

クロの頭骨はあとから掘り起こした骨盤とともに、茶の間のテーブル横の台の上に何枚かの写真を背に、連れ合いがつくった小さな座布団に鎮座している。クロは骨になってから、クロの好きな居間にいつもぼくたちといられるようになった。

クロは一四歳半の老齢で病気になったが、イヌとしてみれば大往生だと思う。だが、歯はほかの歳をとった野生動物とはまったく違ったもので、すり減っておらず若々しいものだった。ペットはやわらかいものばかり食べているので、歯をすり減らすことはないのだ。また、相手から傷つけられるほどのケンカをする状況がないため、歯は全部揃っているし、折れたり欠けたりしている部分もなくきれいであった。

　ただ、骨にしてみてわかったことがある。生前クロは受け口であるとは家族の誰もが思わなかった。しかし、頭骨の上顎と下顎を合わせると、どうやっても受け口なのだ。ぼくは生き物の観察眼に優れていると自信をもっていたが、骨にするまで気づかなかったとはフィールドワーカーとしては失格だ。

クロは茶の間でいつもみんなと一緒にいる

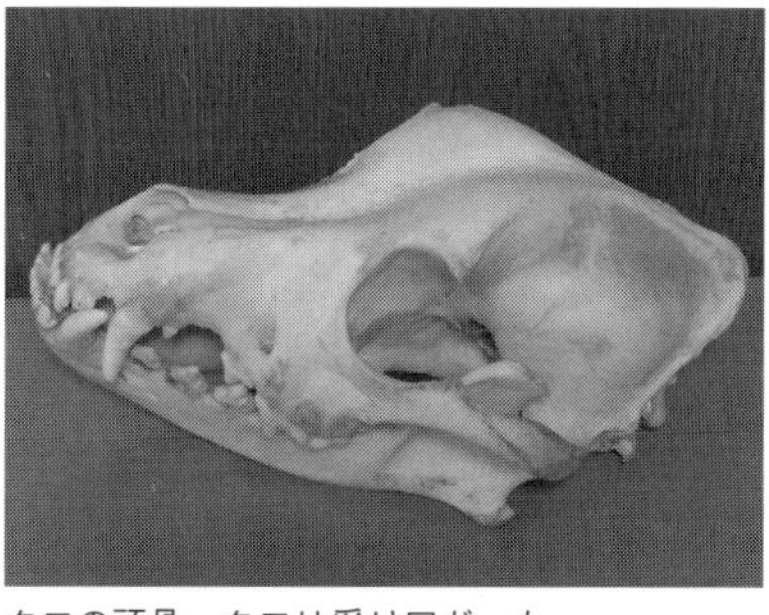

クロの頭骨。クロは受け口だった

13
スナメリの歯はみんな同じ

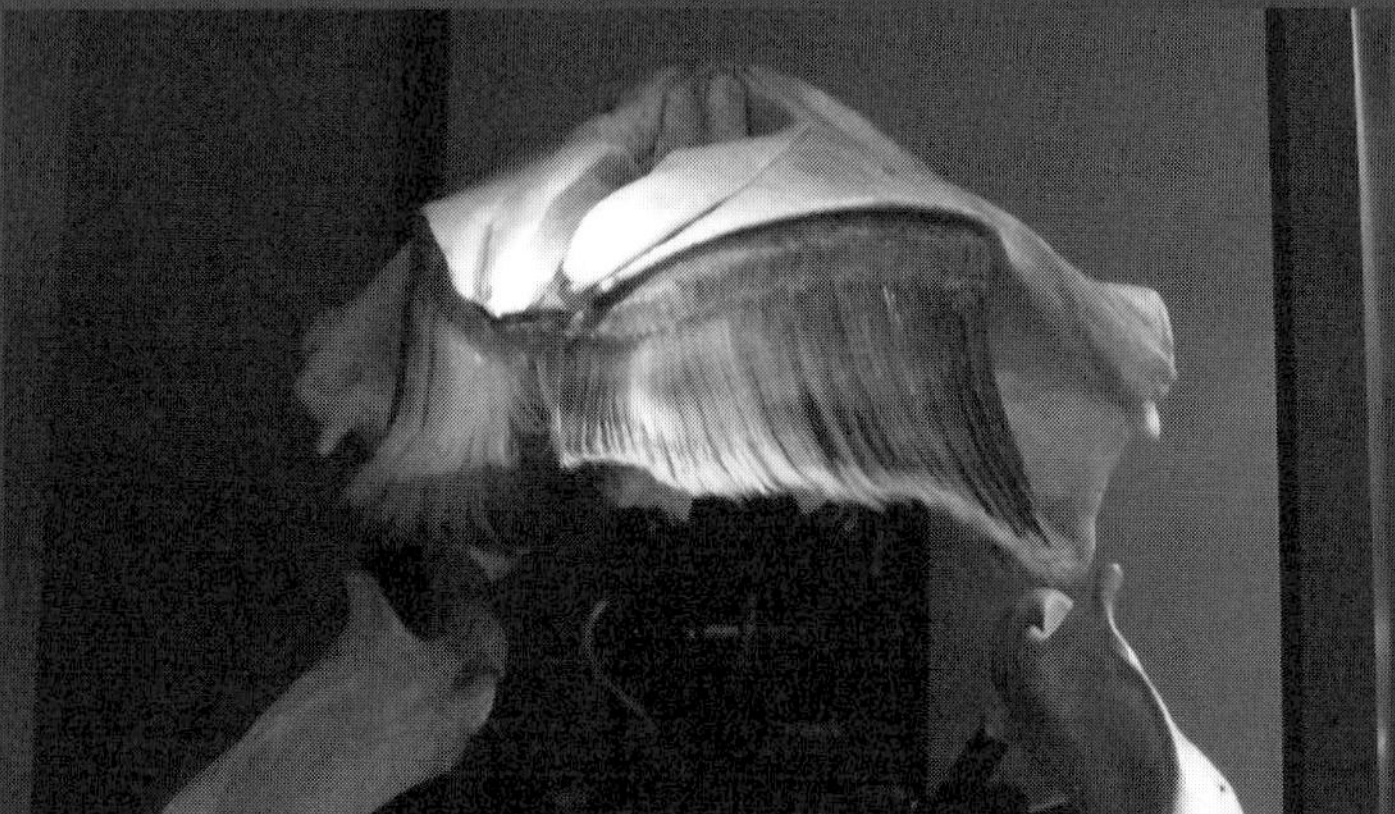
シロナガスクジラのヒゲのような歯（国立科学博物館所蔵）

左の写真の小さい歯がたくさん並んでいるのは、クジラの仲間のスナメリの頭骨で、かなり奇妙な形の頭骨だ。

この頭骨は、愛知県の女性が送ってくれた。彼女は三河湾の佐久島に海水浴をかねてスナメリ拾いに行って、なんと本当にスナメリの頭骨を見つけてしまったのだ！

送られてきた段ボール箱を見たときは、

「エ？　こんなに小さなものなの？　子どものスナメリ？」

と思った。

◉—スナメリの頭骨

上は底面から見たもの。同歯性の歯であることがよくわかる。下の写真の中央の２つの穴は後鼻孔で、ここから潮を上に吹き上げる

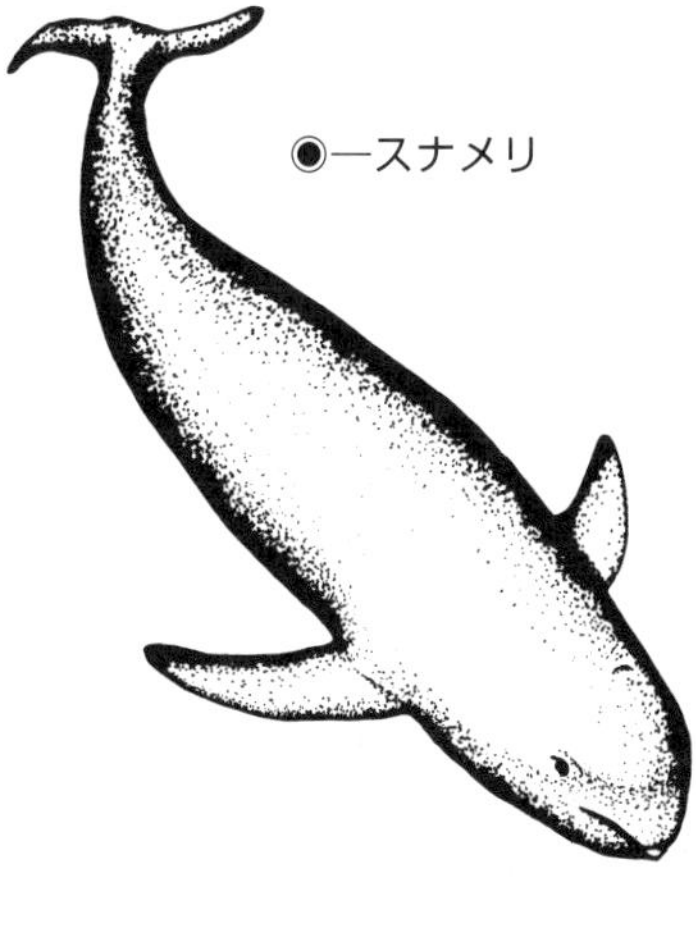

◉—スナメリ

そりゃーそうだろう。小さいとは言ってもクジラの仲間だ。このクジラの仲間というイメージから、四〇～五〇センチは超える大きさの頭の持ち主と決めてかかっていたのだ。

さらに、箱から頭骨を取り出して、？？？？？と眺めまわした。

ぼくが持っている陸上生のどの哺乳類の頭骨とも似ていない。まるで、オーストラリアにいるカモノハシか鳥だ。鼻口部分が突き出していて、小さな歯がたくさん並んでいる。

なによりも驚いたのは、頭の真ん中に穴が開いていて、向こう側が見えることだ。

この穴は、潮を吹き出すためのものだと間もなくわかったが、その奇妙な頭骨を机の上に置いて一週間以上も眺めつづけた。今では、マスコットのように、机のスピーカーの上に飾ってある。


ぼくらは、切歯、犬歯、小臼歯、大臼歯があるのが当たり前だと思っている。サルもそうだし、イヌやネコも切歯や犬歯、臼歯をもっているのを知っているからだ。あるいは、ネズミやリスには一対の大きな切歯が上下にあることも、動物に興味をもっている人ならご存じだろう。

ヒトやイヌ、イノシシ、ウサギ、ネズミなど多くの哺乳類は、切歯・犬歯・小臼歯・大臼歯と名づけられた異なった歯をもつ異歯性《いしせい》の動物である。歯はそれぞれ役割が異なっている。

ミッキーマウスやピーターラビットは一対の大きな歯が特徴だが、あれは切歯で、ものを噛み切る役目の歯だ。イヌやネコの鋭い牙は犬歯で、深く突きさす歯である。臼歯は食物をすりつぶしたり、噛み砕いたりする歯である。

一方、すべての歯の形や機能がまったく同じという、同歯性《どうしせい》の動物たちがいる。ヒラメやタイ、カワハギなどの魚の歯を見たことがあるだろうか？　ワニや恐竜の歯（写真）ならご存じだろう。同じような恐ろしいほど鋭い歯が並んでいる。これらが同歯性の動物たちだ。

哺乳類のなかにも、このような歯をもった動物がいる。それがスナメリだ。

スナメリはかわいい歯が同じように並んでいる。ワニや恐竜のような鋭い歯ではなく、まるでタヌキやテンの小さな切歯のような、あるいはサルの小臼歯のような形だ。

魚を捕まえるにしてはちょっと歯が短い。骨から出ている部分でも三～四ミリ程度だ。これに肉や皮膚がつくのだから、歯そのものは一～二ミリも出ているかどうかだろう。そ

◉—恐竜の歯

鋭くとがった同歯性の歯をもつことがわかる（国立科学博物館所蔵）

して、片側一五個の歯が長さ七六ミリの上顎骨の間につまっている。

この小さな歯では、泳いでいる魚にガブリと噛みつくのは難しいだろう。どうやって餌の魚を捕まえているのだろう？

スナメリは、仲間どうしでボラなどの魚を追いこみ、囲いこんで、噛みついて食べるようだ。なんと、その囲いこんだ魚を釣り上げる漁法が、瀬戸内海にあったようだ（さすがに人間は要領がよい！）。さらに、イカやタコ、貝類なども食べるようだ。噛み砕くことができないような小さな歯しかないため、魚もタコも貝類もワニが食べるような丸呑みだ。

囲いこみ漁をやるには、お互いにコミュニケーションがとれなくてはいけない。スナメリの脳の大きさはシカやカモシカの倍以上あり、かなり社会的コミュニケーション能力がある動物だと考えられている。ぼくの非常に大雑把な計算では、スナメリの脳の容積は約二六〇ｃｃ。これは、シカなどの二〜三倍だ。ちなみにヒトは一二〇〇ｃｃ以上ある。

さて、スナメリの歯が出ているところを見ると、前顎骨部分に用をなさないような小さな歯が隠れている。これは退化した歯であるようだ。主要な一五本の歯は上顎骨から出ており、ほぼ同じ大きさである。

米国アラバマ州の始新世後期の五四〇〇万〜三七〇〇万年前の地層から出土したクジラの祖先Archaeoceti（原クジラ）のジゴリザの化石には、哺乳類の基本歯式が残っていて、切歯３・犬歯１・

小臼歯4・大臼歯3の片側一一本の歯がある。しかし、これは、どの歯も鋭くとがったワニのような歯をしている。

同歯性の歯をもつ哺乳類で陸上生活をしているのは、南米に生息する被甲目《ひこう》のアルマジロの仲間くらいなものだ。ほかは海に棲むクジラやイルカの仲間である。

シロナガスクジラなどのヒゲクジラ（写真）では、アミなどのプランクトンのような動物を捕まえるのに適するように歯が特殊化して、大量の海水を大口を開けて飲みこんで、ブラシ状の歯でプランクトンなどを濾《こ》しとるようになっている。

アルマジロの仲間は、アリ、カタツムリ、ミミズ、バッタや、トカゲ、カエル、鳥の卵、ムカデ類をほとんど噛み砕くことなく丸呑みする。つまり歯をほとんど必要としていない。

◉—シロナガスクジラの頭骨と上顎のヒゲ（歯）

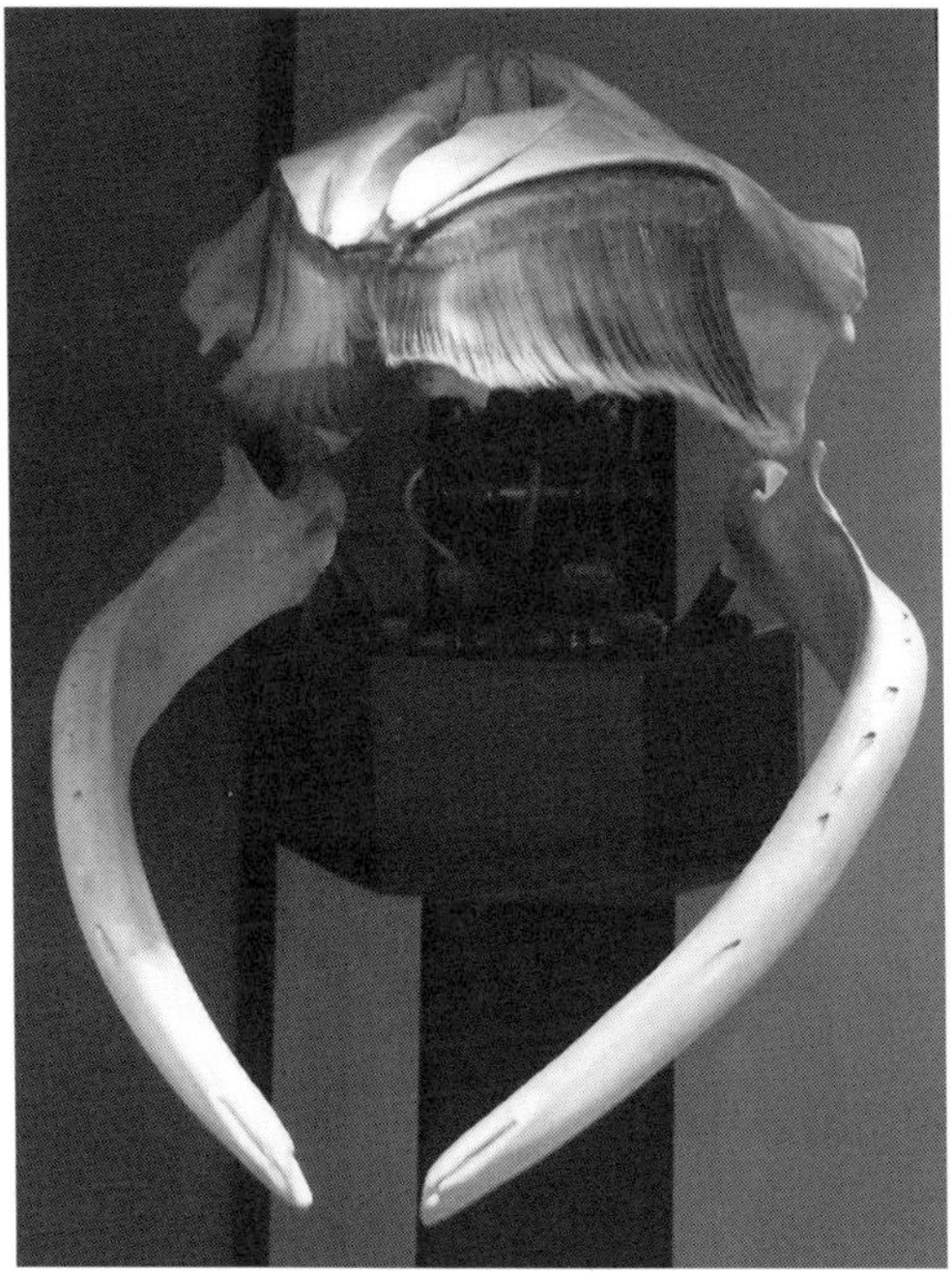

プランクトンなどを濾しとるのに適した歯に特殊化している（国立科学博物館所蔵）

小さなアリを主食として食べるアリクイ（有毛目）やセンザンコウ（有鱗目）の仲間は、完全に歯を消失させることに成功し、長い舌でアリを舐めとっている。長い舌をもつために鼻口部も長く、上顎骨や口蓋骨も細長く変化している。

動物たちは、どんな食物をどのようにしてとり、どのように咀嚼するかということで、顔の骨の形を変化させている。脳を守る骨は、身体全体のサイズの大小で多少の変化はあるが、基本的にはその形状は変わらない。

スナメリをふくむクジラ・イルカの仲間は、水のなかの動物を食べるように特殊化した顔の骨をもっているのだ。

コラム

マハレでもらったトンビリとチューイの頭骨

東アフリカのタンザニアの西のはずれにあるマハレ山塊国立公園をご存じだろうか？　日本のテレビで放映される野生のチンパンジーの映像の大半は、この国立公園で撮られたものだ。

ぼくは三年間この国立公園で仕事をしていた。国立公園の自然保護に関する技術指導という名目だったが、公園側の要望はチンパンジーの人づけであった。

観光客の増加とともに、チンパンジーとの過度の接触によるチンパンジーのストレスや感染症が心配されていた。さらには観光客によって調査・研究に支障が生じており、早急に新たな群れを観光用に人づけする必要性に迫られていた。

公園の基地があるタンガニーカ湖湖畔のビレンゲにぼくは居を構えた。一人で山を歩くことは強く禁止された。チンパンジーの人づけを手伝ってくれる人たちを一〇名くらい雇った。皆、毎週火曜日の朝に湖畔の我が家にやってきて、食料などの荷物を持って山に入り、土曜日の午後には戻るという生活が続いた。

ビレンゲ川周辺に行動域をもつBグループを人づけの対象とした。この行動域内の四カ所に草葺きの小屋を建てることにした。最初の小屋は湖畔の我が家から歩いて二、三時間の水場があるゴゴルウェーというところだった。すぐ朽ち果てる草葺きの小屋なら建ててもよいという許可を公園の主任管理官から得て、山小屋を建てることができる人を探していた。

ある日、ゴゴルウェーでテント生活をしていると、ムサラギとその息子のジュマヌネがやってきた。その目つき、その姿を見て、すぐに彼らを好きになった。彼らは、家を建てる場所をぼくに聞いて理解すると、実に手際よく家をつくる場所の草を刈ったり、柱となる木を切り倒したり、さらに何本かの竹を集めたり、紐の代わりとなる樹皮をとる木を刈ってきた。そして、午後にはもう屋根を上げていた。

　山の道づくりのための草刈りやチンパンジー探しに行った人たちが戻るころには、すっかり小屋らしくなっていた（写真）。

屋根に草が葺かれたときに山から戻ってきた人たちと記念撮影。ぼく（前列左）の後ろがムサラギ、前列の右端がジュマヌネ

　ムサラギやジュマヌネの家は、カロルアという国立公園の境界に近いところにある集落にあった。ある土曜日、山から下りるときにカロルアの彼らの家に寄っていくことになった。目的はチューイの頭骨をもらうためである。チューイとはスワヒリ語でヒョウのことだ。

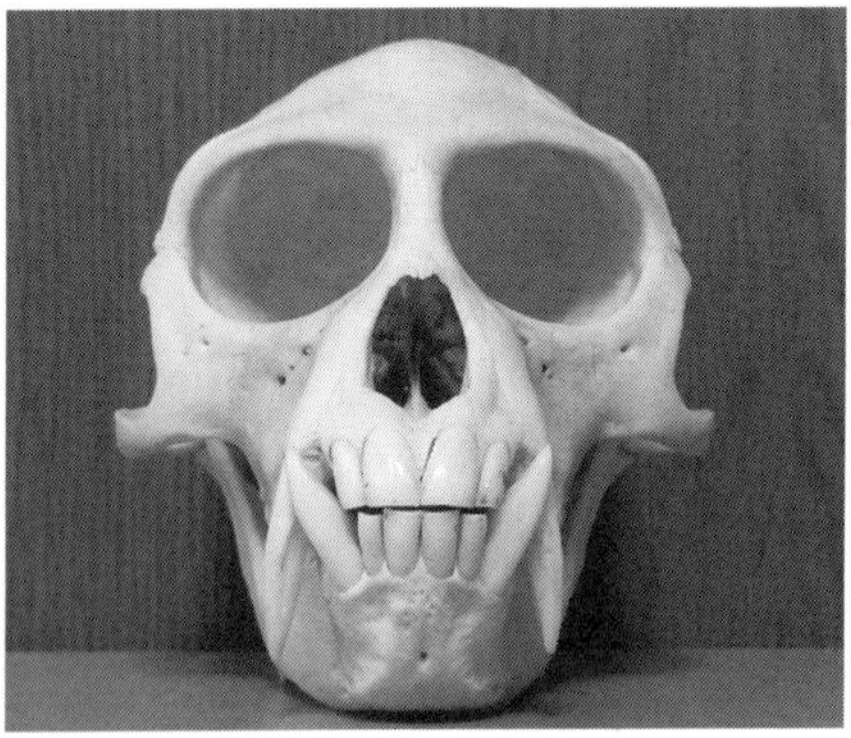
トンビリの頭骨

　カロルアの家に着くと、ムサラギが「カリブー（いらっしゃい）」と椅子を差し出した。ムサラギの足もとにはトンビリ（スワヒリ語でサバンナモンキー）が死んでいた。トウモロコシを何度も食べにくるので撃ったようだ。

ぼくが「ナタカ　キーチュア（頭が欲しい）」と言うと、全部くれると言う。

その場で、ぼくは日本から持ってきた鉈で頭を切り離して、頭部をビニール袋につめると、ムサラギが残った体の部分を畑に放り投げた。すると三、四頭の痩せたイヌが争うように走っていった。久しぶりにたくさんの食料を得ることができたといった感じの満足そうな唸り声が畑の奥から聞こえてきた。

頭部はすぐ皮を剥いてから煮て、腐らせて白い頭骨を取り出し、帰国するときに頭骨標本として持ち帰った。もちろん、チューイの頭骨をもらうことも忘れてはいない（写真）。

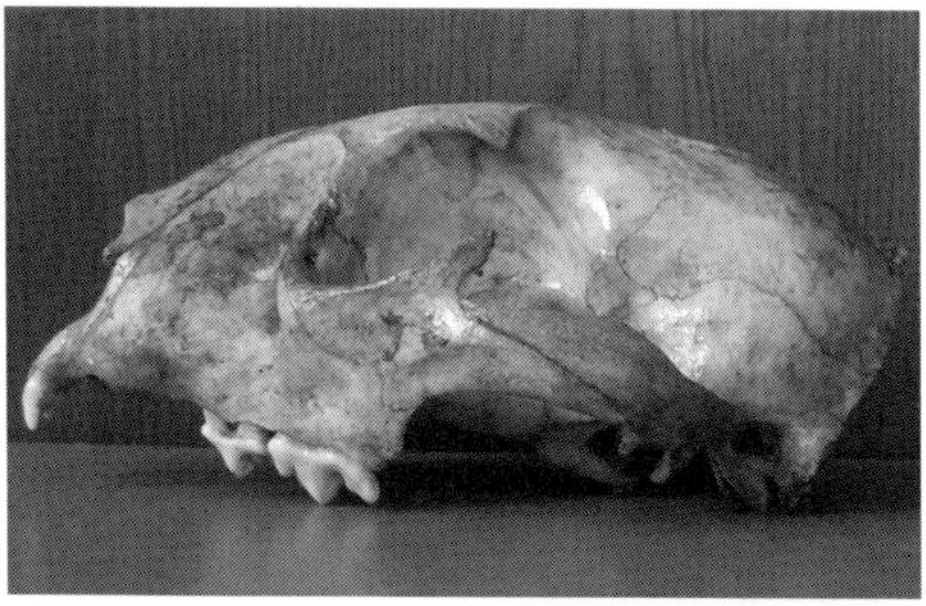

チューイの頭骨。側面（上）と正面（下）。左右の犬歯がないのが残念である

アフリカではさまざまな種類のたくさんの頭骨を拾うチャンスがあったが、大きすぎて持ち帰ることができず、ほとんどは写真に撮るだけで泣く泣く帰ってきた。そんななかでも無事に持ち帰ることのできたアフリカの頭骨たちである。

14

ヒトの赤ちゃんは頭に穴が開いている

ぼくが子どものころ、若いお母さんたちは、駅や病院の待合室であろうと四人掛けの列車内であろうと、人前で当たり前のように赤ちゃんにおっぱいを与えていたものだ。だから、我が家に赤ちゃんを見せにきた叔母さんたちや、列車のなかの見知らぬお母さんたちがおっぱいを取り出して赤ちゃんにお乳を飲ませるシーンをじっと見ていたこともあった。

そんなとき、赤ちゃんの頭のてっぺんがペコペコ動いているのに気づいた。さわろうとしたら、優しくなでてねと注意されたものだ。首が座るようになっても、まだ赤ちゃんの頭のてっぺんはペコペコしている。そこには骨がまだできていないということを知って、一つ間違えて柱にでもぶつけてしまったら大変なことになると思い、赤ちゃんを抱くのを非常に恐ろしく感じたものだ。

だから、箱根・湯河原のサルを観察するようになって、生まれて一週間もたっていないような赤ん坊がよちよち歩きまわったり、四、五歳の子どもメスが生後一カ月もたっていない赤ん坊を平気で連れまわす育児行動を見て、とてもはらはらしたものだ。

それが、どうだ。インドネシアはジャワ島のパンガンダランというところで、サルの仲間のシルバールトンを見たときは驚いた。生まれて一、二日もたっていないようなオレンジ色の赤ん坊をほかのメスザルたちが乱暴に連れまわしている。「おいおい、 赤ん坊を殺す気か?」と本気で心配したものだ。ちなみに、これはコロブス亜科のサルたちに見られる、同じ血縁の出産したばかりで疲れている母ザルを助ける、アロマザリング(共同保育)という行動だ。

そんなわけで、サルの赤ん坊の頭のてっぺんには穴が開いていないのか不思議に思っていた。

下の写真は、ニホンザルの赤ん坊の頭骨を上から撮ったものだ。左が生後二カ月・房総半島産、右が生後八カ月・岡山県産である。

房総半島のものは生後間もないのに、すでに左右の前頭骨が縫合癒着していて、境目も不明だ。岡山県産のものは、まだ左右の前頭骨の縫合線がはっきりわかる。これは個体差なのか地域差なのか不明である。いずれにしても、サルはヒトと違って、早いうちから頭のてっぺんは骨で覆われており、穴は開いていない。

ヒトの赤ちゃんの頭のペコペコしている部分は大泉門《だいせんもん》といい、左右の前頭骨と頭頂骨が合わさる冠状《かんじょう》縫合と言われる部分で、サルの赤ん坊の写真ではY字の合流点の部分だ。そこが生後一年半くらいまで穴が開いているために、お乳を飲んでいるときだけでなく、心臓の鼓動とともにペコペコと動いている。それは心臓から頭に血液が送られている証拠なのだ。

ほかの哺乳類はどうかというと、飼いイヌのチワワやポメラニアンの頭骨には大泉門があり、一生

◉—ニホンザルの赤ん坊の頭骨を上から撮ったもの

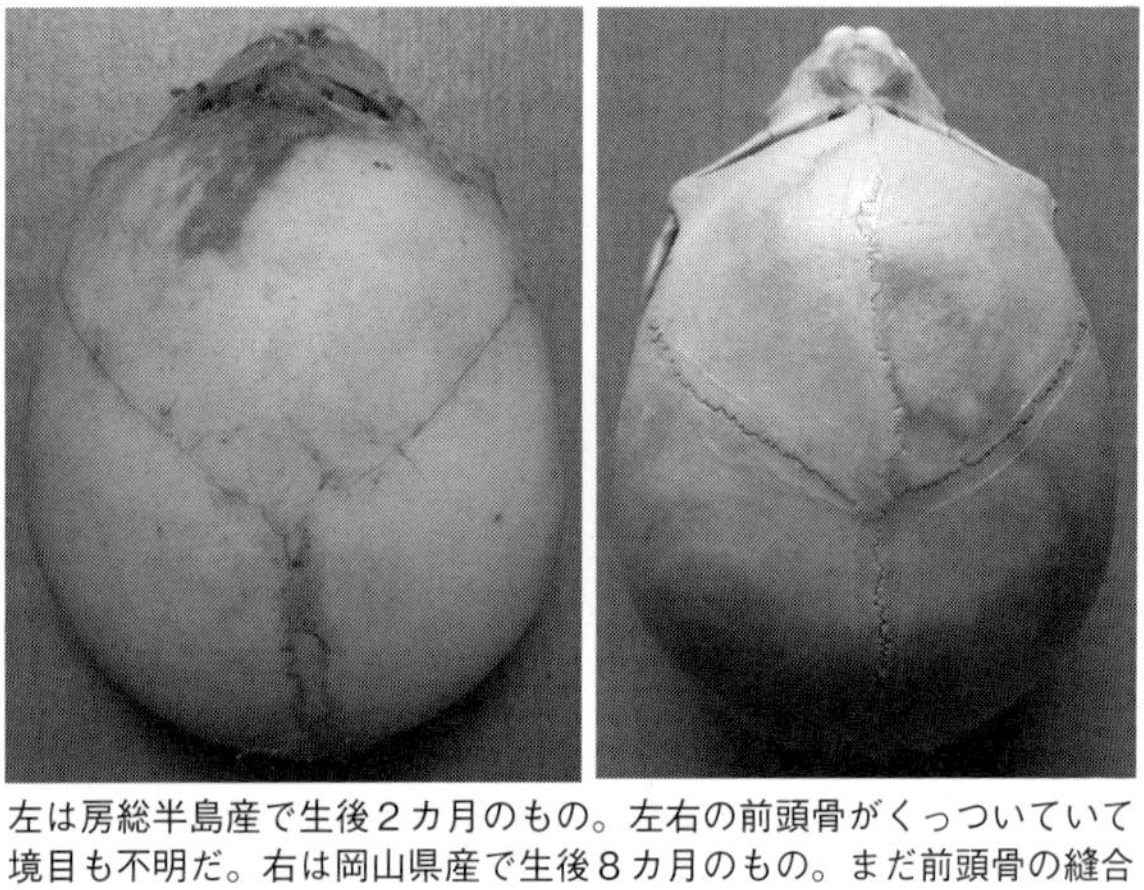

左は房総半島産で生後２カ月のもの。左右の前頭骨がくっついていて境目も不明だ。右は岡山県産で生後８カ月のもの。まだ前頭骨の縫合線がはっきりわかる

開いたままで閉じない個体もいるようだ。

イヌ以外の動物はどうだろう。

ぼくは、タヌキとモルモットの赤ん坊の頭骨を持っているので、改めてそれらを見た（写真）。左右の前頭骨と左右の頭頂骨が縫合する部分には穴は開いておらず、大泉門はしっかりくっついて閉じていて、後頭骨と左右の頭頂骨が交わる小泉門と言われる部分に穴が開いている。

ヒトの赤ちゃんの小泉門は二カ月もしないうちに閉じてしまい、大泉門が一年半近くも開いたままでいるのと大きな違いである。

ただし、このタヌキの頭骨は、丹沢山麓の杉林の林床に埋もれていたのを偶然見つけて、骨を拾い集めてきたものなので、欠けただけなのかもしれない。

小泉門の部分は、ネズミでは間頭頂骨《かんとうちょうこつ》（頭頂間骨《かんこつ》）にあたる。写真のモルモットの穴が開いている頭頂骨側の骨が間頭頂骨である。この骨は齧歯目の動物のほかに、トガリネズミ目や兎目および鯨偶蹄目の動物にも存在する。

◉―タヌキ（左）とモルモット（右）の頭骨

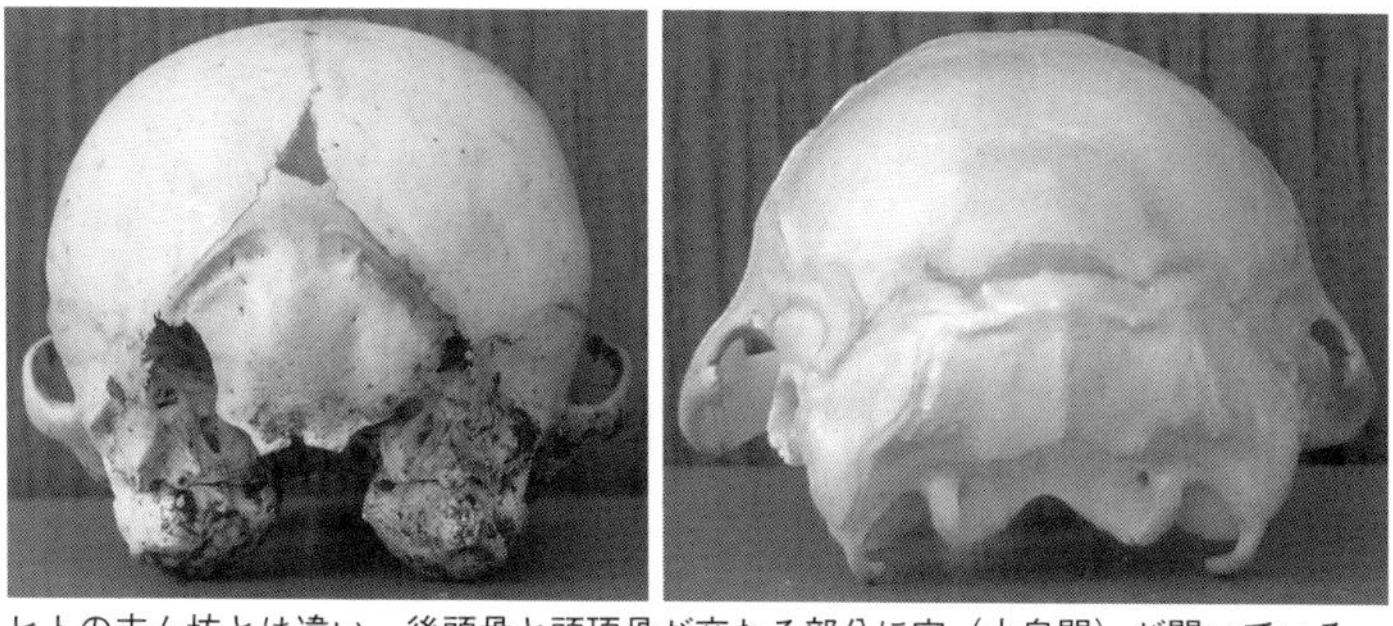

ヒトの赤ん坊とは違い、後頭骨と頭頂骨が交わる部分に穴（小泉門）が開いている

◉—ヒトの小泉門にあたる間頭頂骨

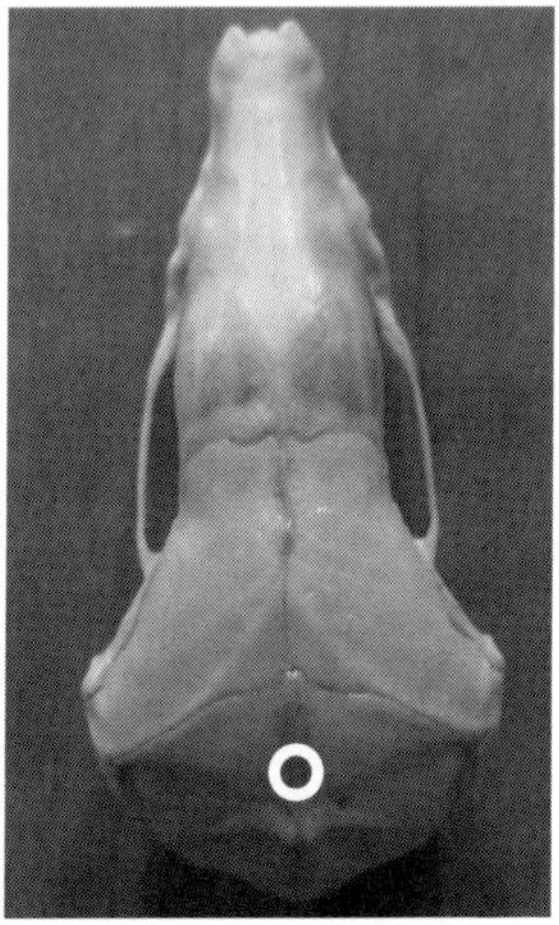

アズマモグラ（○印）

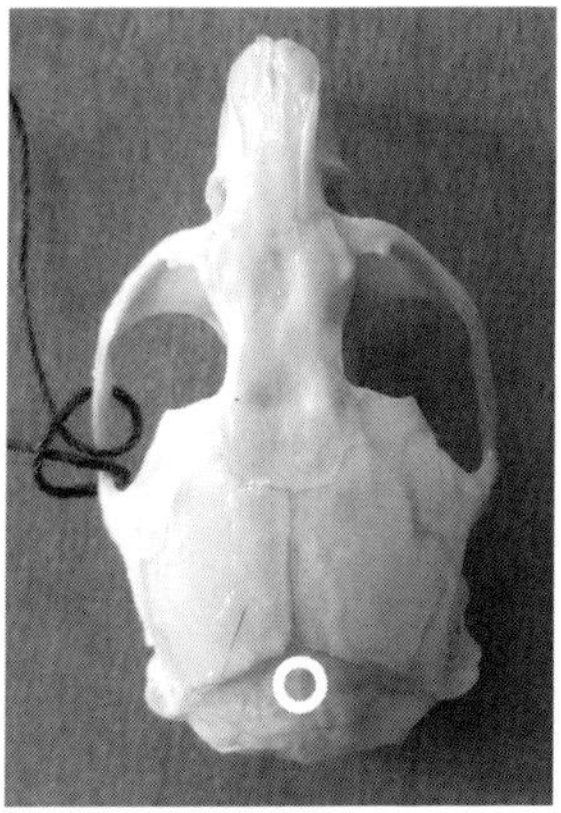

ハタネズミ（○印）

間頭頂骨はインカ骨とも言われ、インカ族の人たちにも多く見られるようだ。

さて、ヒトは二足歩行することによって、ほかのサルたちと比べて骨盤が狭まってしまった。頭の大きなヒトの赤ちゃんはその狭い骨盤を通るときに、左右の恥骨が縫合しているのを押し広げて生まれてくる。赤ん坊の頭骨が小さければ陣痛の苦しみはなくなるかもしれない。

この骨盤を通るために、ヒトの赤ちゃんは頭骨がまだ完成していない非常に未熟な状態で出てこなければならない。その頭骨の未熟な状態というのが、左右の前頭骨と左右の頭頂骨がまだ縫合しておらず、大泉門という穴が開いているということである。

大泉門がペコペコしているのは、まだまだ頭は大きくなりますよと知らせているのだ。

コラム

野生動物探検隊からのハタネズミのプレゼント

神奈川県の真鶴《まなづる》駅近くに住んでいるフリーライターで、しかも漁船や釣り船の船長をやりながら林道のリスを観察しているという人から、ぼくのホームページの掲示板へ「湯河原でワイワイ飲むときは誘ってください」という投稿があった。

それ以降、彼の仲間たちと一緒に「湯河原野生動物探検隊」なるグループをつくって、飲み会をかねた年数回の探検を行なっている。ぼくが最年長なので隊長にまつりあげられた。

あるとき、「隊長、これが先週拾ったハタネズミの死体です」と、ビニール袋に入ったネズミを船長さんが寄こした。林道でリスを観察しているときに見つけたものだという。これは彼の連れ合いに知られると問題だが、その死体はキッチンにある冷凍庫で保存していたようで、状態がきわめてよかった。

翌日、すぐ皮を剥ぎ、内臓をとり、おもだった肉をハサミで切りとり、赤い肉の色が少し白く変わるくらいに軽くゆでた。それを水に浸して腐らせた。一カ月くらいで腐り、肉類はボロボロになって下に沈殿し、骨を取り出すことができた。頭骨はしっかりしたもので、歯を一本も失うことがなかった。それが「4　田舎のネズミと都会のネズミ」に載せたハタネズミの頭骨である（52ページ）。

ハタネズミ亜科のネズミは植物食なので、ネズミ亜科のアカネズミのようにトラップで簡単に捕まえることができない。ぼくの宝物の一つである。

唯一後悔しているのは、解体する前に性別を確かめなかったことだ。どうもこのあたりがフィールドワーカーとしてダメなところだ。

15
子どもの顔はなぜ丸い?

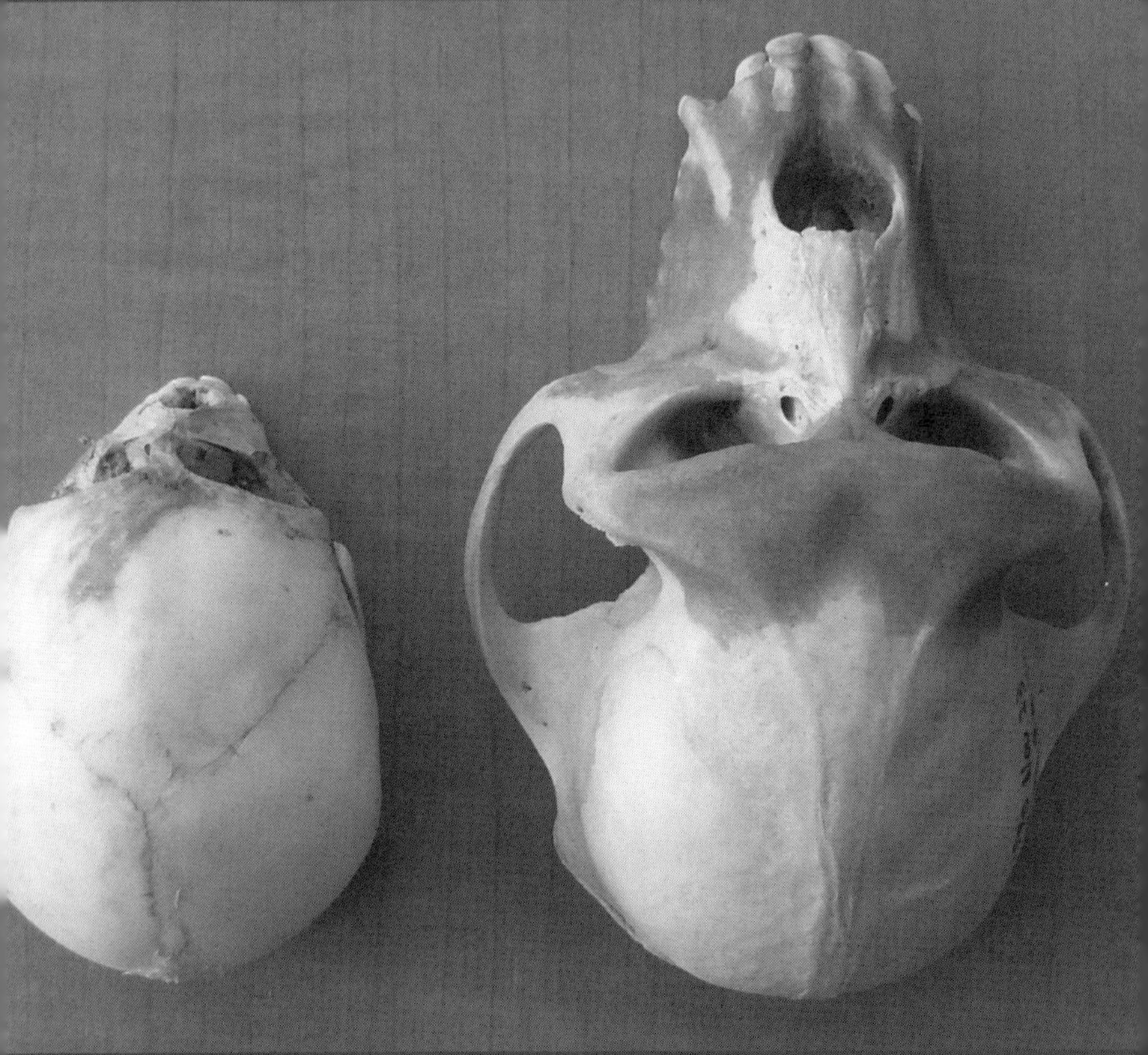

大人と子どものニホンザルの頭骨を上から見る

幼児のころは、イヌでも、鼻づらの長いウマやイノシシでも、恐ろしいトラやライオンでも、非常にかわいいものだ。それはしぐさが子どもっぽいということだけでなくて、体も顔も子どもっぽいからだ。

子どもっぽいとはどういうことなのだろう？

それは、小さくて、全体的に丸いということだ。

子どもは、顔も頭も丸い。

これはヒトに限ったことではなくて、サルもタヌキもキツネもウマもイノシシもみんな丸っこいのである。

ここでお見せできる子どもの動物たちの頭骨は、非常に限られたものしかない。ぼくが持っている頭骨は、山を歩いているときに拾った死体や轢死体から標本にしたものが大半だからだ。

次ページの写真は、タヌキ、キツネ、ニホンザル、カモシカ、シカの一歳以下の子どもと性成熟に達した大人の頭骨である。

どちらが子どもの頭骨かは誰もがわかるだろう。もちろん大きいほうが大人である。さらに言うならば、全体に寸づまりな顔が子どもである。

子どものころは顔が小さくて丸っこいが、成長するにつれて大きく長くなる。頭骨を構成する骨のなかで、どの部分の骨が大きくなると顔が長くなるのだろうか？

◉—子どもと大人の頭骨

どちらが子どもでどちらが大人かは一目瞭然だろう。眼窩より後ろが、脳がおさまる脳頭蓋と言われる部分であり、子どもと大人では大きな違いが見られない。タヌキもキツネもサルも鼻口部分、つまり前顎骨や上顎骨及び下顎骨が目に見えるほど大きくなっていることがわかる

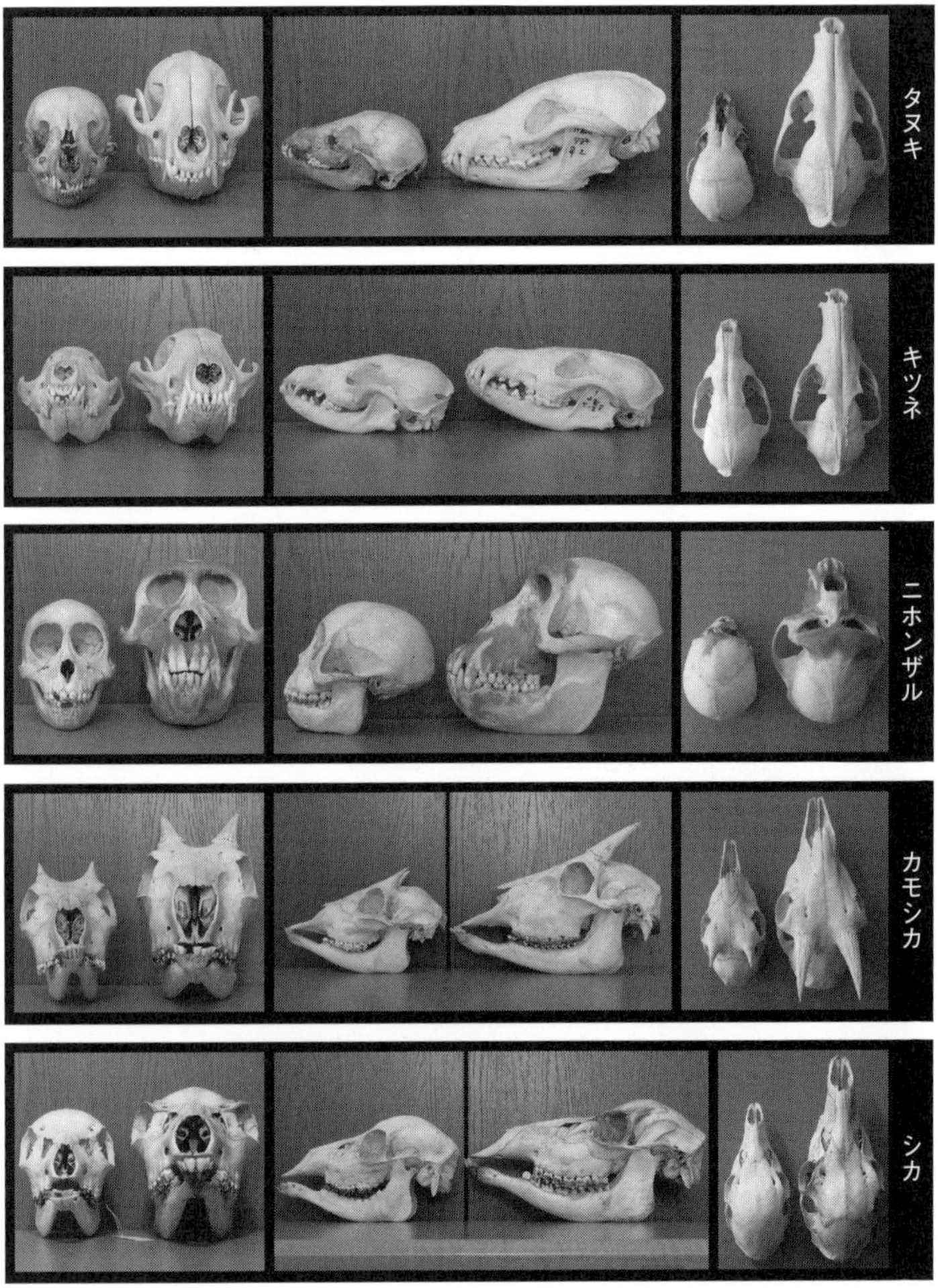

右側の写真を見てほしい。

タヌキもキツネも、ニホンザルも、カモシカやシカも、目から後ろの部分の脳を包む頭蓋はそんなに大きくなっていないが、目から前の部分の顔面頭蓋と称される、前顎骨・鼻骨・上顎骨が前に伸びているのがわかる。つまり鼻口部分が成長するにつれて前方に伸びているのだ。

子どもから大人になると、脳頭蓋で大きくなっているのは前頭骨の眼窩のあたりが顕著で、ほかの頭頂骨や側頭骨、後頭骨はたいして大きくなっていない。

大人になると顔面頭蓋が大きくなることを、上から撮った写真で改めて確かめよう。明らかに眼窩から前の部分が突出してくるのがはっきりとわかるだろう。

また、上からの写真では見えないが、前顎骨や上顎骨の突出と歩調を合わせて、下顎骨も成長してくる。

子どものころは乳歯で、切歯と犬歯と小臼歯しか生えていない。大人になると永久歯に変わり、大臼歯も生える。大臼歯は上顎骨と下顎骨から出るから、当然上顎骨も下顎骨も大きくなることは理解できるだろう（横から撮った写真）。

タヌキやイノシシが、大きくなるにつれて鼻口部が伸びていくのは理解できるが、ヒトは鼻口部を形成する上顎骨や前顎骨が大人になったからといって前方に伸びるわけではない。

ヒトはどの部分が大きくなるのだろうか？

次ページの図を見ると、確かにヒトでも顔面頭蓋と言われる部分の上顎骨や下顎骨、鼻骨の眼窩から下の部分が、新生児では顔全体の四分の一であったのが、成人になると二分の一になっている。脳頭蓋の前頭骨・頭頂骨・後頭骨は、子どものころとたいして大きさが変わらないのに、顔面頭蓋は二倍も大きくなっているのだ。

　哺乳類たちの頭骨のなかで、生まれてから急速に大きくなるのは、食べたり、息を吸ったりする口や鼻の部分だ。成長にともなって、自らの体を発育・成長させるのに必要な、エネルギーの取り入れ口を、強固で大きなものにしているのだ。

◉―新生児と成人の頭骨の成長の割合

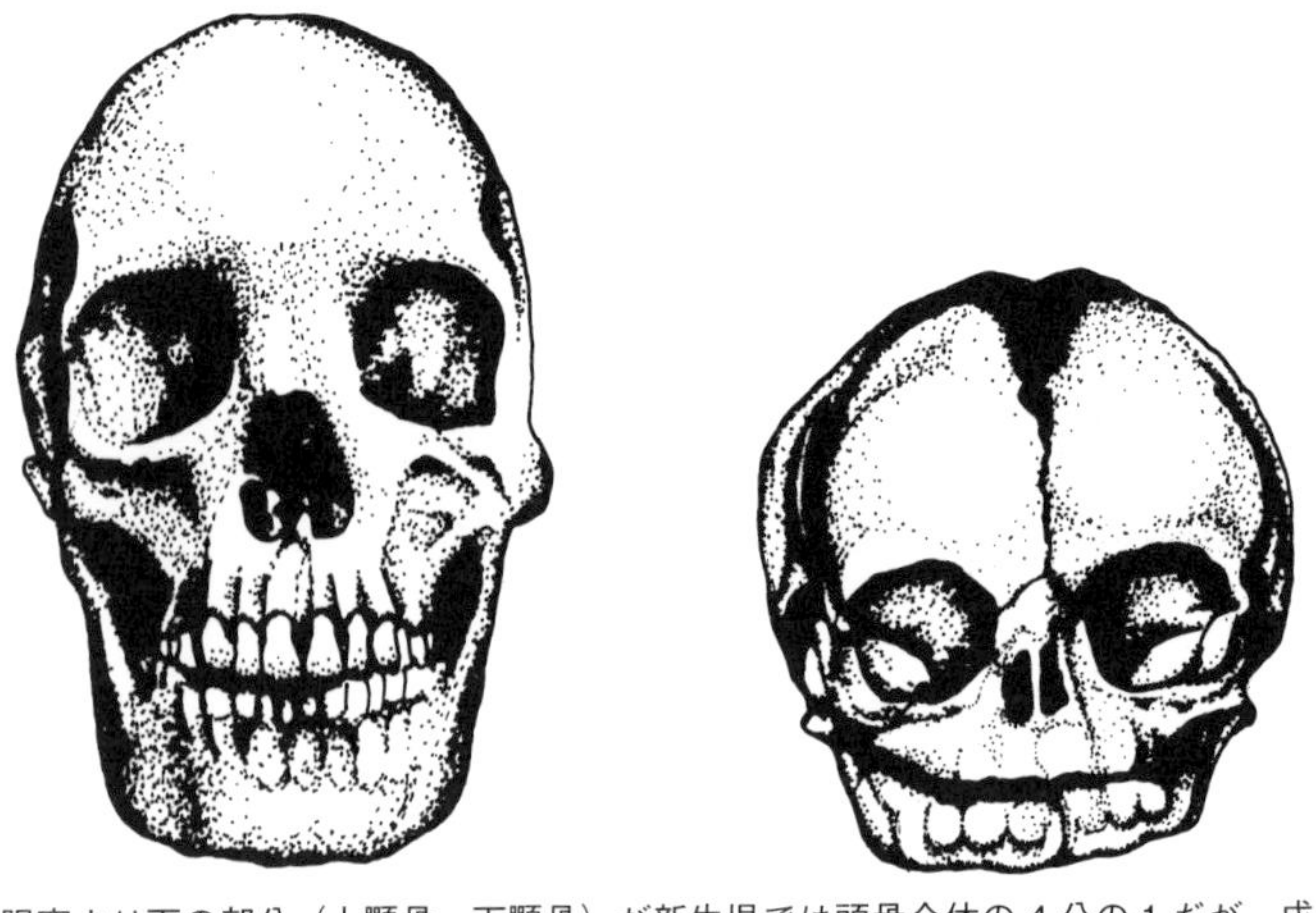

眼窩より下の部分（上顎骨・下顎骨）が新生児では頭骨全体の４分の１だが、成人では２分の１と大きくなっている。つまり、この部分が成長するのだ

コラム

散弾銃で撃たれて死んでいたタヌキ

五月の端午の節句も終わったころの天気のよい日であった。湯河原の天昭山神社野猿公園跡付近を散策したあと車に戻り、奥湯河原からの県道椿ラインに入ってサクラ並木を過ぎ、咲きはじめたアジサイの花のなかを走っていく。急勾配の道を登りつめると、左に曲がるヘアピンカーブとなる。そのカーブは城山や白銀林道へ入るところでもある。トイレの設備もある駐車場広場があり、ツーリングをしている二輪車が数台とまっている。

ぼくはその広場を素通りしてトンネルを潜って白銀林道へ車を走らせた。今は舗装されているが、そのときはまだ砂利道だった。

白銀橋を過ぎて、間もなく幕山への入り口近くにさしかかるところだった。林道の谷側の路肩に動物が横たわっていた。「サルかな?」と思ったが、すぐにサルではないことがわかった。タヌキだった。

車から下りてタヌキを仔細に調べた。腹がぱんぱんにふくらんでいて、死んで二日くらいたったものだった。特に目立つような外傷は見当たらない。きっと車にはねられたのだろうと思った。

タヌキの死体はもちろんのこと、タヌキを身近に見たのも、さわったのもはじめてのことだった。

車のトランクを開け、両手と両足を持ってそのままトランクに入れた。はじめてのタヌキの完全な死体の採集であった。

そのころはまだ、サルの死体などは現場で穴を掘って埋めて、骨になってから取り出すという方法をとっていた。しかし、埋めてから半年くらいたって、そろそろ骨になっただろうと掘り起こそうとしても、埋めた場所を特定することが非常に難しかった。埋めた場所の上にようやく抱えることができるような大きな石を置いて目印にするのだが、その石さえ見つけられなかったり、あるいは見つけた石を取りのぞいて土を掘り起こしても骨を見つけられないことが多かったのだ。

埋めた場所が斜面だと、石の上に土砂や枯れ葉、枯れ枝がかぶさって石を見つけられなかったり、土砂崩れや降雨によって地形が変わってしまったりするからだ。埋めた死体が、アナグマやイノシシにひっぱり出されて、散逸してしまっていることもあった。そのため、タヌキの死体を持ち帰ることにしたのだ。

帰宅後すぐ、玄関わきに植えられているアジサイの根もとに埋めた。タヌキ一頭と言えども、体全部が埋まるような穴を掘るのは大変だった。当時は死体の皮を剥いて、除肉して、などということはしなかった。

アジサイの季節が過ぎて、セミの鳴き声にうんざりする夏が過ぎたころには、玄関わきにタヌキの死体を埋めたことなどすっかり忘れていた。

九月下旬のある日の朝、勤めに出かける連れ合いの「キャー」という叫び声に、何事が起きたのかと思い、居間から玄関に走って行った。ウジがたくさんいると言う。

見ると、玄関のドアを開けたたたきの上に一〇匹前後のウジが這っている。壁を登ろうとしているものまでいる。ウジが這い出てくるところはアジサイの根もとであった。そこから何匹ものウジが四方に広がっている。連れ合いはウジを踏みつぶさないように出かけていった。

ぼくはすぐにヤカンで熱湯をわかし、ウジが出てくる穴にふりかけた。ほかの場所を這いずりまわっているウジは、箒で掃きよせては熱湯をかけた。隣家の駐車場を這いずっているウジも箒で集めては熱湯をかけた。

ウジ事件が一段落したので、ウジが出てきた穴、つまりはタヌキを埋めたところを掘り起こしてみることにした。すぐに頭骨が出てきた。庭の水道栓で頭骨についている泥を洗い流したが、白い骨にはならず、黒土の色が染みていた。それを縁側の上に置いて干しておいた。

夕方、頭骨が乾いてから机の上でじっくり眺めた。タヌキのはじめての完全な頭骨であった。上から見たり、底から見たりしていると、カラカラと頭骨のなかで、石ころのようなものが入っている音がする。何かな?と思っていると頭骨の後ろの大きな穴（大孔）から、小さな黒っぽいものが落ちた。散弾銃に使う鉛弾であった。

どうして、頭骨のなかに鉛弾が?

頭骨をよく見ると、左の前頭骨の後眼窩突起の真上あたりに、前後五ミリ幅三ミリくらいの穴が開いていた。さらに両方の眼窩前方の頬骨部分にも三ミリくらいの穴が開いていた（写真）。このタヌキは林道で車にぶつかったのではなくて、散弾銃で後ろから撃たれたのだ。弾のなかの三発が頭骨を射ぬいたのだ。

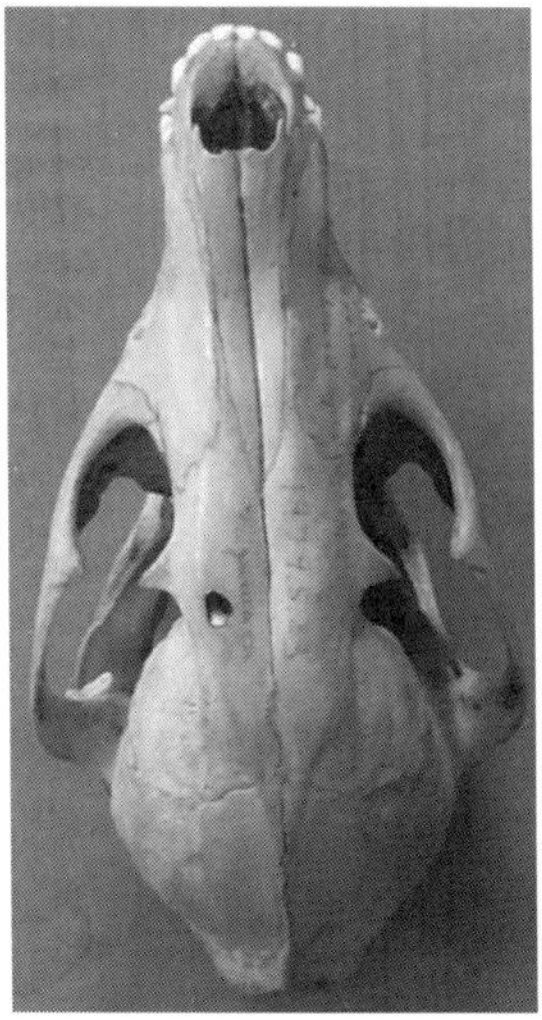

このタヌキの死体を見つけたときは五月で、猟期はすでに過ぎてしまっている。おそらく、いたずら半分にタヌキを狙ったのだろう。ひどい話だ。

コラム

学生からもらったイヌの頭骨

毎週水曜日の動物行動学の授業で、いつも前の席に座る学生のA君が授業が始まる前に言った。

「先生、イヌの頭骨、必要ですか?」

「え? あ! もちろん!」

翌週、A君は「先生、これ」と言って、レジ袋を突き出した。

ぼくは何のことかわからず、「何? これ?」と聞いてしまった。

「頭骨、イヌの頭骨です」とA君。

先週の話をすっかり忘れていたのだ(A君ごめんなさい)。

帰宅してから、もらったイヌの頭骨をじっくり眺めた。

まだ若い個体のようだ。歯はほとんど磨耗していない。しかし、鼻骨と前頭骨、前頭骨と頭頂骨の境目がまったくわからない。

裏を見たり、大孔のなかをのぞきこんだりしているうちに、左の前頭骨の上に、太い錐状のものが刺さったのち治癒した痕が見つかった(写真

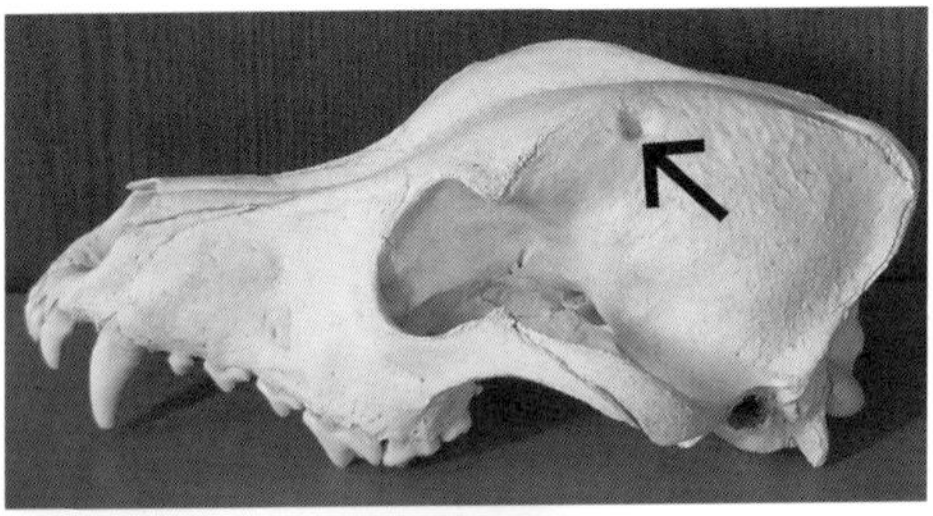

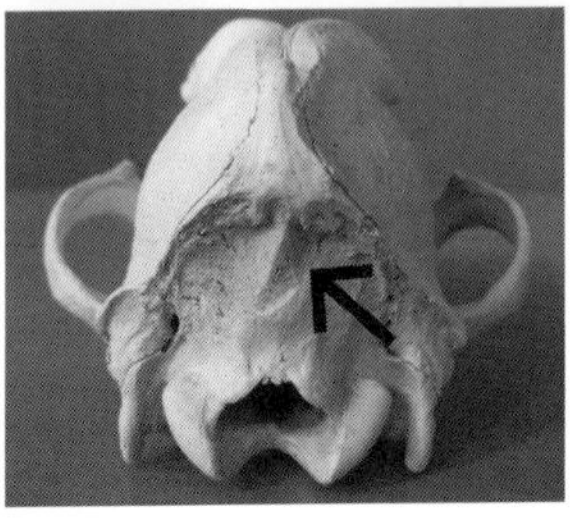

学生からもらったイヌの頭骨。太い錐状のものが刺さった痕(上↖)と鋭い刃物で削られた三角形状の痕(下↖)が見られる

上)。

さらに、後頭骨の大孔の上一センチくらいのところに、長さ一センチ五ミリにわたって鋭い刃物で上部から削られたような三角形状の痕があった(写真下)。

この後頭骨の削られた痕は、おそらくよく砥《と》いだ鉈《なた》か、刃渡り二〇センチくらいのサバイバルナイフのようなもので、後頭部を真上から強く打ち下ろされたときにできた傷痕であろう。

このイヌはこの後頭部のケガが原因で、治癒することなく出血多量で死亡したのだろうと結論づけられた。

次の授業のときに、A君にこのイヌの頭骨を見つけた場所を詳しく教えてもらった。住宅地から少し離れた浜辺の草むらのなかにあったようだ。

この子は野良犬として育ち、何者かに、子イヌのときに氷割りのようなもので頭を刺されたものの、脳まで達しなかったので治癒して生きていたが、最後には、大きなサバイバルナイフで背後から斬りつけられたのだろう。

何者かは知らないが、動物をもてあそび、なぶり殺しにすることは許せない。命をなんだと考えているのだろう。

犬好きのぼくには、この子が天国で幸せになるように祈ることしかできない。

16
首が頑丈な動物たち

カモシカの頭骨を後ろから見る

ぼくは学生のころから箱根・湯河原でサルを追っていたので、時にサルの死体を見つけることがあった。

完全に白骨化したものなら楽に頭骨を採集できるが、そのような白骨死体の多くは歯が抜け落ちていたり、テンやタヌキやネズミなどの動物たちに齧られていて、骨の一部が失われている。だから、お腹を食い破られただけのような新鮮な死体を見つけたときは、それがたとえ腐って悪臭を放っていても思わずニンマリしてしまう。

サルもそうであるが、動物たちの新鮮な死体を見つけたときにいつも苦労するのは、頭部を首から切り離すときだ。カッターナイフを使うとよい。

まず、毛を選り分けて皮を切り裂く。これは問題ない。ここからである。首のまわりの筋肉を切り裂くのは容易なことではない。すぐに脂でナイフが切れなくなるので、何度か刃を替えることになる。

相棒がいればもう少し楽にできるが、一人で、頭部を首から離すのは至難の業である。頭部を大きなビニール袋に入れ、ほかの部分をきれいに始末して終了するのに、急いでも三〇分以上かかる。

山のなかならゆっくり落ち着いて毛皮を剥いて、頭骨を首から切り離せる。しかも、切り離した体は、山の動物たちが食べやすいように登山道や林道から離れたところに置いておける。しかし、タヌキやアナグマの轢死体の首を、発見現場の道路ぞいで短時間で切り離すのは不可能なので、死体をそのまま家に持ち帰って処理することになる。

タヌキやアナグマをふくむサル以外の動物たちの首を切り落とすのがなぜ難しいかというと、首についている筋肉がサルと比べて分厚いからである。

なぜ分厚いのだろうか？

それは、サルやヒトは首が頭の真下につくが、ほかの哺乳類では、首は真後ろにつくからである。そのため、顔が地面につかないように、前を向いて歩いているときは絶えず頭を持ち上げていなければいけない（図）。そのために首と頭は頑丈な筋肉でつながっている。

だがそれだけでなく、首から前方に出ている頭を支えるには、首からの筋肉をつなぎとめておく杭のようなものが必要である。その重要な杭の役目を果たしているのが、後頭骨の上部に盛り上がった項稜である（次ページ写真の②）。項線が盛り上がって項稜となり、後頭骨に筋肉が付着しやすいようになっている。なお、項線の項には首、要所という意味がある。

頭を支えるヒトの筋肉は、背中から出ている僧帽筋などの六つの筋肉が首の後ろを覆って頑丈にし、さらにおよそ三〇個の頸部の筋肉で首を補強したり、頭を動かしたり、食物や水を飲みこむ嚥下作用に関与している。

◉—キツネ（左）とサル（右）の大孔の位置と首のつき方

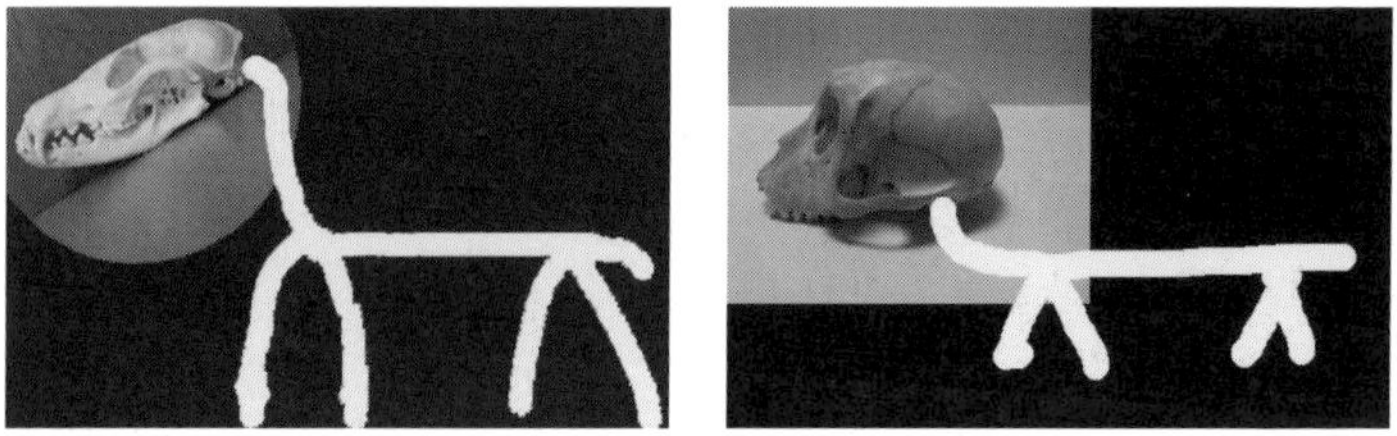

首がつくところに大孔がある。キツネが前を見て歩くには、首を上げてあごを引かなければならない。そのため、頭を支えるために後頭骨にたくさんの筋肉が首や背からつくことになる

四足歩行で大孔が頭骨の後ろに開いているキツネやシカなどのほかの動物では、当然、ヒトやサルとは筋肉の種類やつき方も変わってくる。ウマやウシなどの家畜では、頸部のいくつかの筋肉で頭を釣り上げ、さらに四〇個を超える多数の筋肉が首のまわりにあって、頭部を支え、頭部の運動に関与している。筋肉の名称やつく場所も数も、ヒトやサルとは著しく違っている。

各動物の後頭骨の項稜の盛り上がりを見ていただこう(173ページ写真)。モグラやアカネズミ、ハタネズミ、リスではその盛り上がりはないか小さいが、移入種で岡山などの中国地方で農作物に被害をおよぼしているヌートリアになると盛り上がりがはっきりわかる。

肉食獣であるイタチ、テン、アナグマ、タヌキ、キツネ、イヌ、ネコ、マングース、アライグマでは明らかに盛り上がっている。が、ノウサギでは正中線の項稜が飛び出ている。サルではヒトの上項線《じょうこうせん》にあたる部分が隆起して項稜となっている。シカ、カモシカ、イノシシは盛り上がり、イノシシでは左右に張り出すようになる。なお、ヒトは項線はあるが項稜とはならない。つまり頭骨が首の上に乗るだけなので、ほかの動物たちのように筋肉をしっかり支える稜とならなくてよいのだ。

◉―キツネの矢状縫合の隆起と後頭骨の項稜

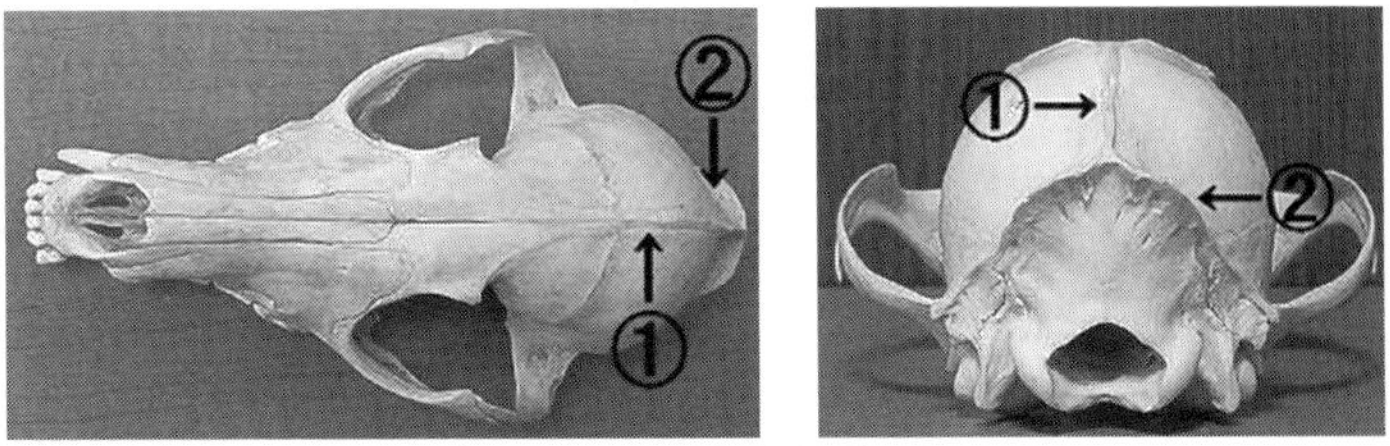

矢状隆起①と項稜②が正中線で癒合し、両側で側頭稜となっている

◉―いろいろな動物の頭蓋骨の重さ

動物	数	重さ
アナウサギ	3	25g
ノウサギ	3	25 － 30g
タヌキ	8	45 － 65g
キツネ	2	70 － 80g
ネコ	2	45g
アナグマ	2	45 － 65g
イタチ	1	10g
イヌ	1	180g
アライグマオス	1	105g
アライグマメス	1	85g
マングースオス	1	15g
マングースメス	1	10g
シカオス	2	500g 以上
シカメス	1	430g
カモシカ	2	375 － 440g
イノシシ	1	500g 以上

なぜ、モグラやヒミズ、あるいはアカネズミやハタネズミたちの項線は隆起しないのだろうか。彼らもイタチやタヌキたちと同じように頭が脊柱の先っぽにあり、歩くときはそれらが地面と平行になるから、頭を支えなくてはならないはずだ。

項稜の隆起には頭の重さが関係していることは明らかだ。

その解明の糸口を見つけるために、下顎骨をふくめた頭蓋骨の重さを量った（表）。使った重量計は家庭台所用の五〇〇グラムまで量れ、最小目盛が五グラムのものである。

小さなモグラやネズミたちの頭骨は五グラム以下なので、家庭用重量計では測定不能であるが、アルミの一円玉一、二枚と同じ一、二グラムと思える。このような重さでは、項線を盛り上げて首からの筋肉の支えにする必要がなく、後頭骨に筋肉が張りつくだけで十分なのかもしれない。

同じように、ノウサギの項稜の中央の一部が飛び出して盛り上がっているのも、ノウサギの頭骨が、鼻骨をのぞいて網目状となっている部分が多く（174ページ写真）、一円玉二五枚程度の軽さだからではないだろうか。頭骨全長では、ノウサギの頭骨はテン以上に大きくタヌキに匹敵するほどなの

◉—動物たちの項稜の盛り上がり

項稜は、サルをふくむヒト以外の哺乳類では、頭頂骨と後頭骨の縫合線より少し後頭骨側に隆起し、軒先のように張り出ている（ヌートリアで上下の↓印で示す)。シカ、カモシカ、イノシシは、後頭骨と頭頂骨や側頭骨との縫合線より、後頭骨側が隆起して後頭骨に筋肉が付着しやすい

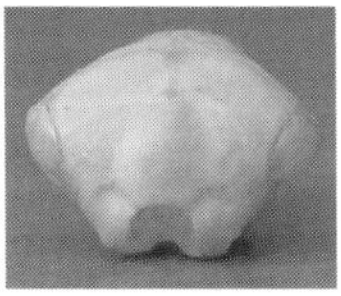
アズマモグラ

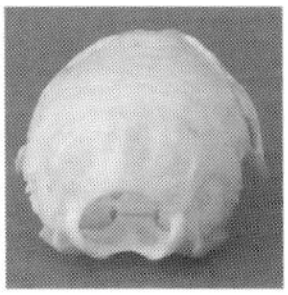
アカネズミ

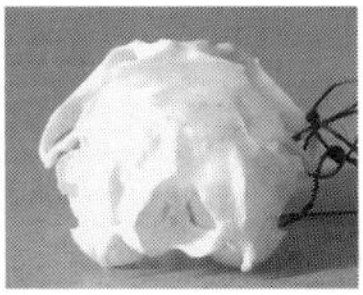
ハタネズミ

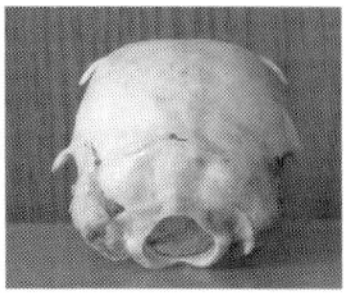
リス

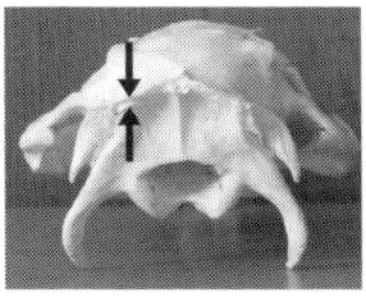
ヌートリア

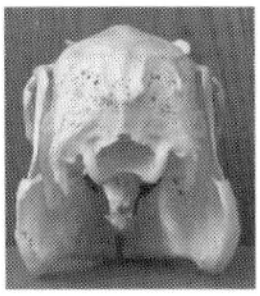
ノウサギ

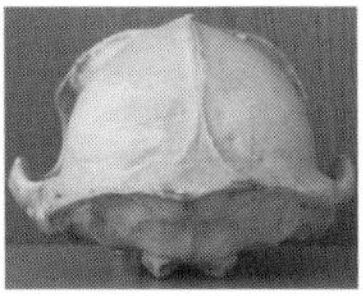
ニホンザル

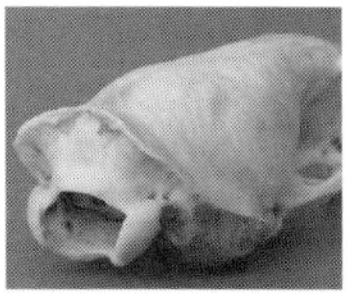
イタチ

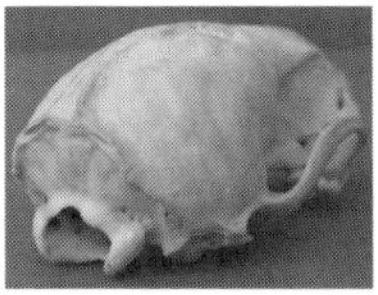
テン

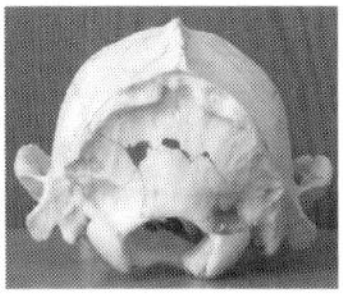
アナグマ

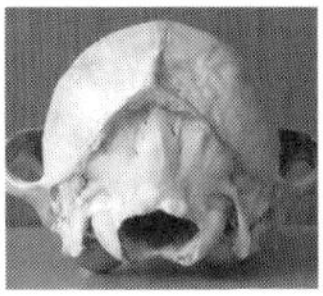
タヌキ

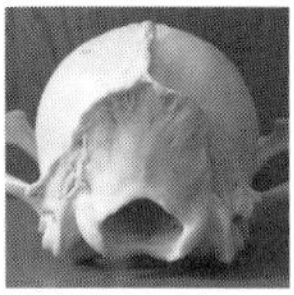
キツネ

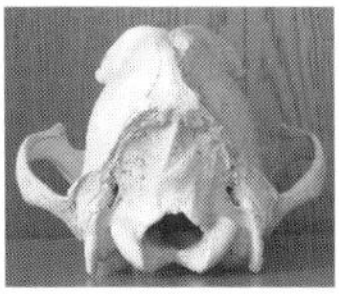
イヌ

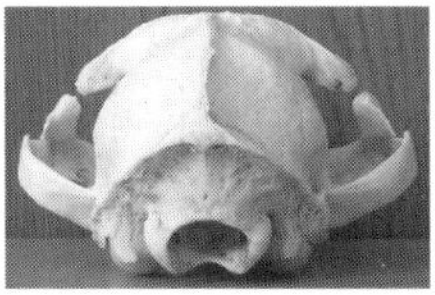
ネコ

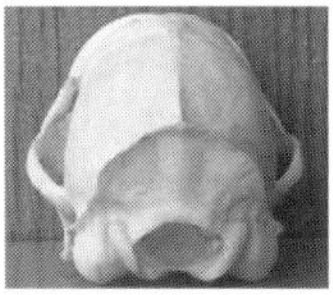
マングース

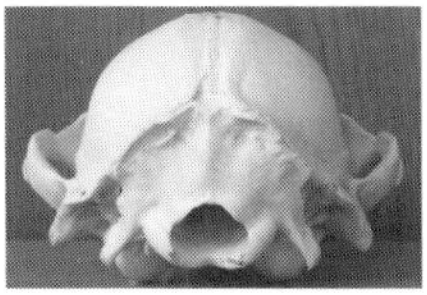
アライグマ

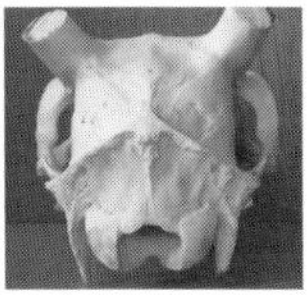
シカ

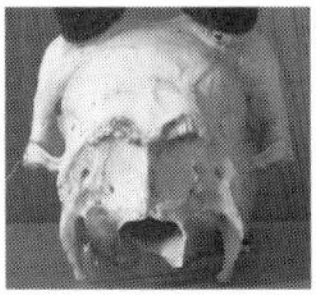
カモシカ

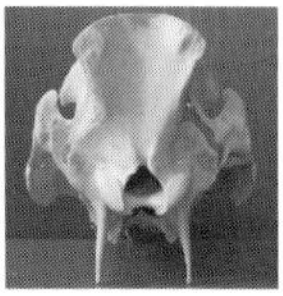
イノシシ

◉—イノシシ

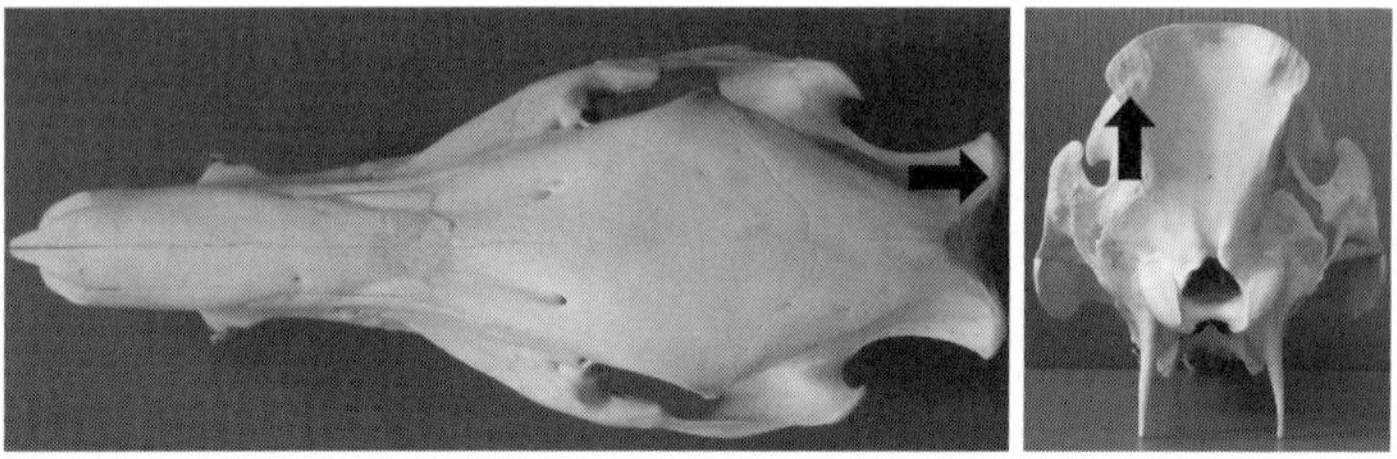

盛り上がりと横への張り出しで側頭稜となる。↑印が項稜

◉—ノウサギ

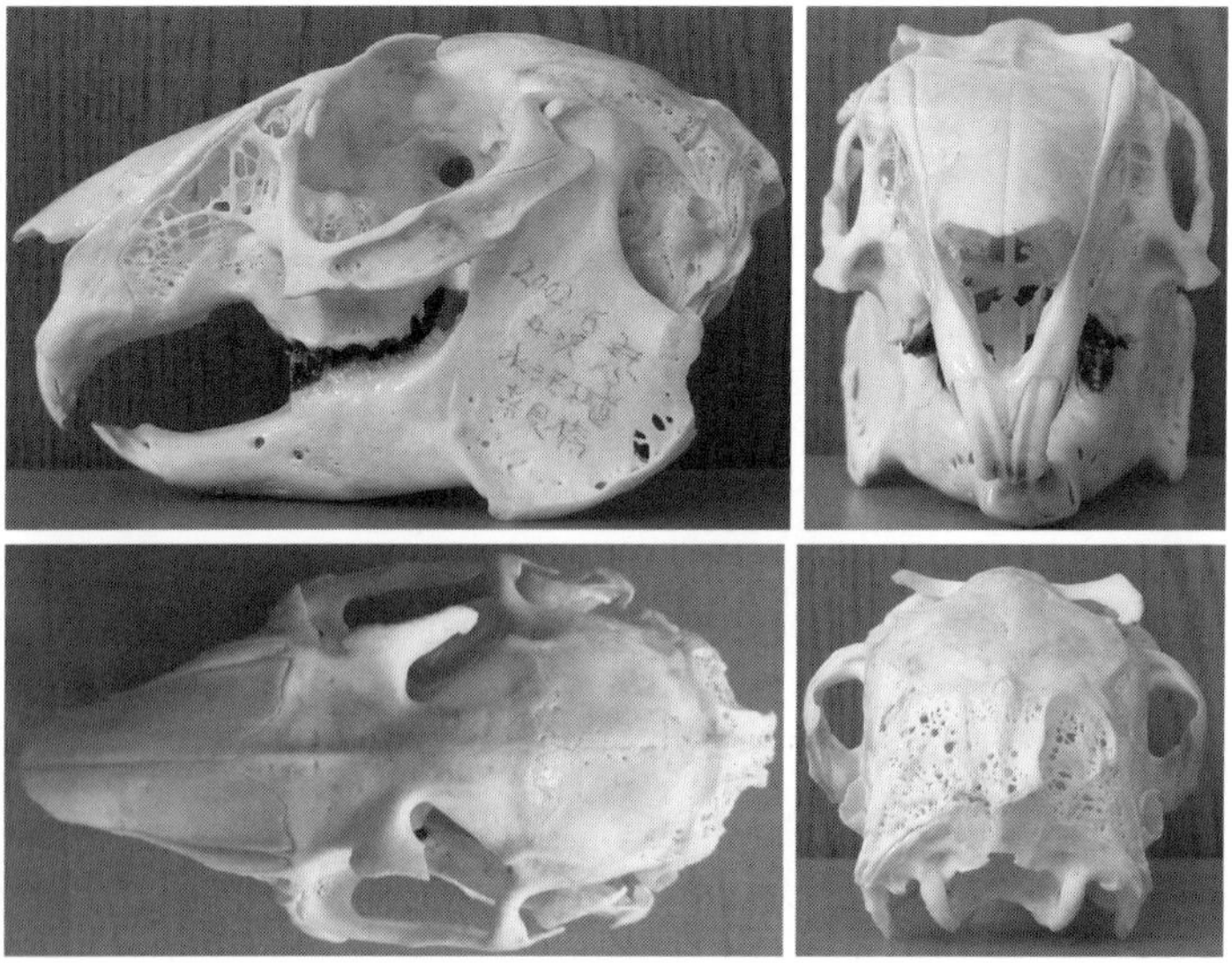

網目状、スポンジ状の頭骨。頭骨が軽い。後頭骨の項稜が後ろに飛び出ている

に、項稜が後頭骨全体に盛り上がらないのは、この軽さに原因があることは間違いないだろう。

ところが、イタチは一〇グラムしかないが、項稜が顕著に盛り上がっている。逆にアフリカオニネズミは一二・五グラムあるが、盛り上がりがそんなには目立たない（写真）。

これは頭骨の重さに加えて、彼らがどのような生活をしているかによるのだろう。

イタチは獲物に飛びついて噛みつき、手足が振りほどかれたとしても離すことはしない。しかし、地面に落ちた果実を食べているアフリカオニネズミは、噛んだ状態でぶら下がることはできないだろう。アフリカで捕まえたヤツは、鼻先から尾の先まで全長八二センチ、鼻先から尾のつけ根までの頭胴長が三六センチにもなる大きな身体をしている（写真）。

イタチなどの肉食獣が捕まえた獲物に噛みついて引き裂くには、頭と首がしっかり筋肉でつながっていなければならない。いくら鋭い犬歯をもっていても、首が頑丈でなければ厚い皮や肉を引き裂くことはできない。そのために、小さな頭でも頑丈

◉—アフリカオニネズミ

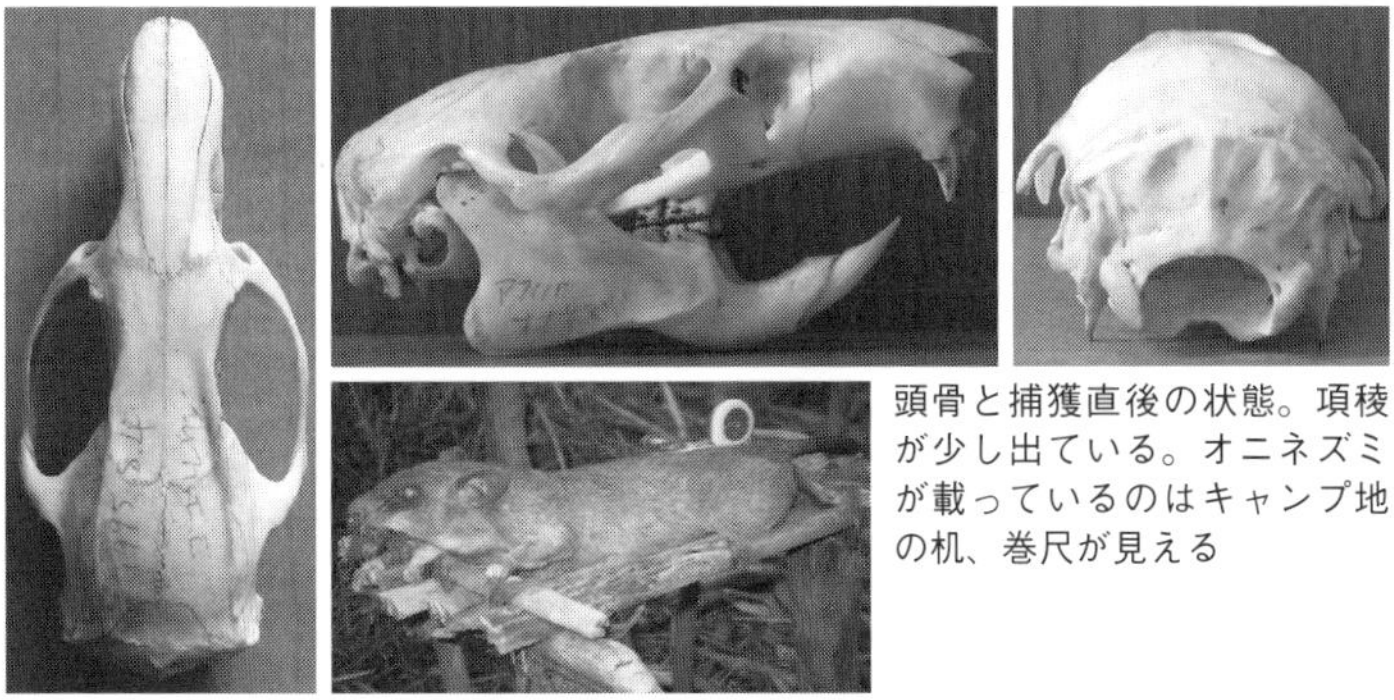

頭骨と捕獲直後の状態。項稜が少し出ている。オニネズミが載っているのはキャンプ地の机、巻尺が見える

な頭骨となり、項稜が隆起して筋肉がしっかりつくようになっている。

ここまで書いてきて、イタチやテンやマングースの頭を切り離すときの状況を思い出した。彼らは、頭より首のほうが太くて大きいのではないかと思うほどだ。体長三〇～四〇センチくらいの小動物なのに、首が想像以上に太くがっしりしている。

ヒトは二足歩行なので、首が頭骨の底の真ん中あたりにつき、頭部をしっかり首の上に乗せておくだけでよいので、項線は盛り上がらないが、三本の項線で頭を首の上で支えている。

このように後頭骨の項稜にも、それぞれの動物たちの生活が反映されているのだ。

コラム

フラフラ歩いていたキツネ

もう一〇年くらい前になる秋に、山仲間のYさんと東丹沢の奥野林道を歩いていた。日差しが暑いくらいの日であった。

馬ノ背を過ぎてようやくなだらかな登りになってきた道を、子どものキツネが一頭、まるで陽炎《かげろう》のようにフラフラした様子で歩いていた。写真を撮ろうと思って、ぼくらがゆっくりと追うと、彼はフラフラと小走りに走って早戸川のほうの斜面に消えた。やせ細った子どものキツネであった。

春に生まれて元気に育ったが、秋になる前に親もとから追い出され、その後は一頭で餌を探しながら生きてきたはずだ。しかし、満足に餌を食べることもできず、やせ衰えてしまったのだろ

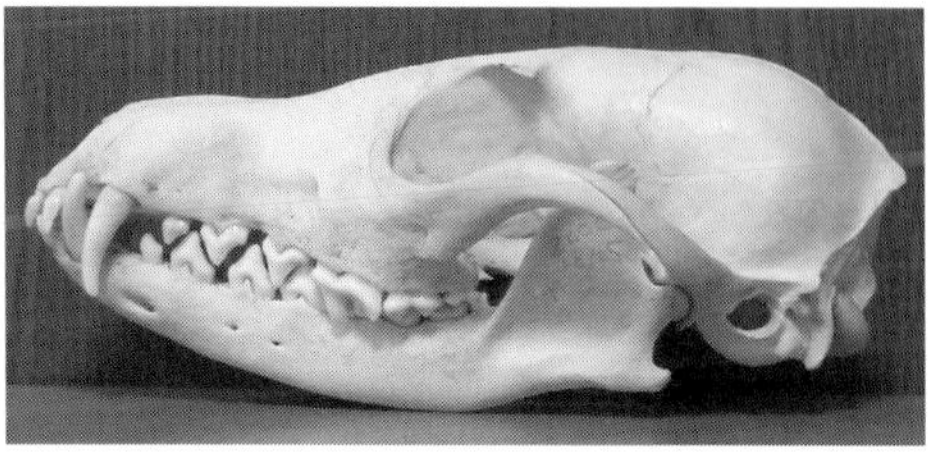

フラフラ力なく歩いていた子ギツネの頭骨

う。秋はトカゲもヘビも、カエルだって、ぜいたくさえ言わなければ昆虫だってカタツムリだって捕まえて食べることができるのに……。今のうちにいっぱい食べておかないと厳しい冬がやってくる。

　一週間後、再びぼくらは同じ林道を歩いていた。子ギツネを見たあたりを過ぎてしばらく行くと、死体の臭いが左側の早戸川のほうから漂ってくる。一〇分もしないで、先週のキツネが路肩からはずれたところで死んでいるのを見つけた。

　ぼくはその子の両手を持ってひっぱり上げ、そのまま引きずってカーブミラーがある盛り土のあるところまで持っていった。運よく山側の斜面に土砂崩れ防止用に使用した目の粗い金網があったので、それを死体の上に乗せて、大きめの石を置いた。

　轢死体以外のキツネの死体を拾ったのはこれがはじめてであった。

　その後は二週間に一度やってきては状態を見た。足や一部の骨は動物たちに持ち去られたが、頭骨は完全なものがとれた（写真）。

　親から追い出される子ギツネはたいてい、見た目は親とあまり変わらない大きさだが、手に入れた頭骨やほかの骨は一回り小さい。

　この子は親から餌の捕り方をしっかり学ばなかったのだろうか。あるいは小動物をハンティングする素質に欠けていたのだろうか、野生動物たちは厳しい世界で生きている。

17

なぜ、ヒトやサルの下顎骨は一つだけ？

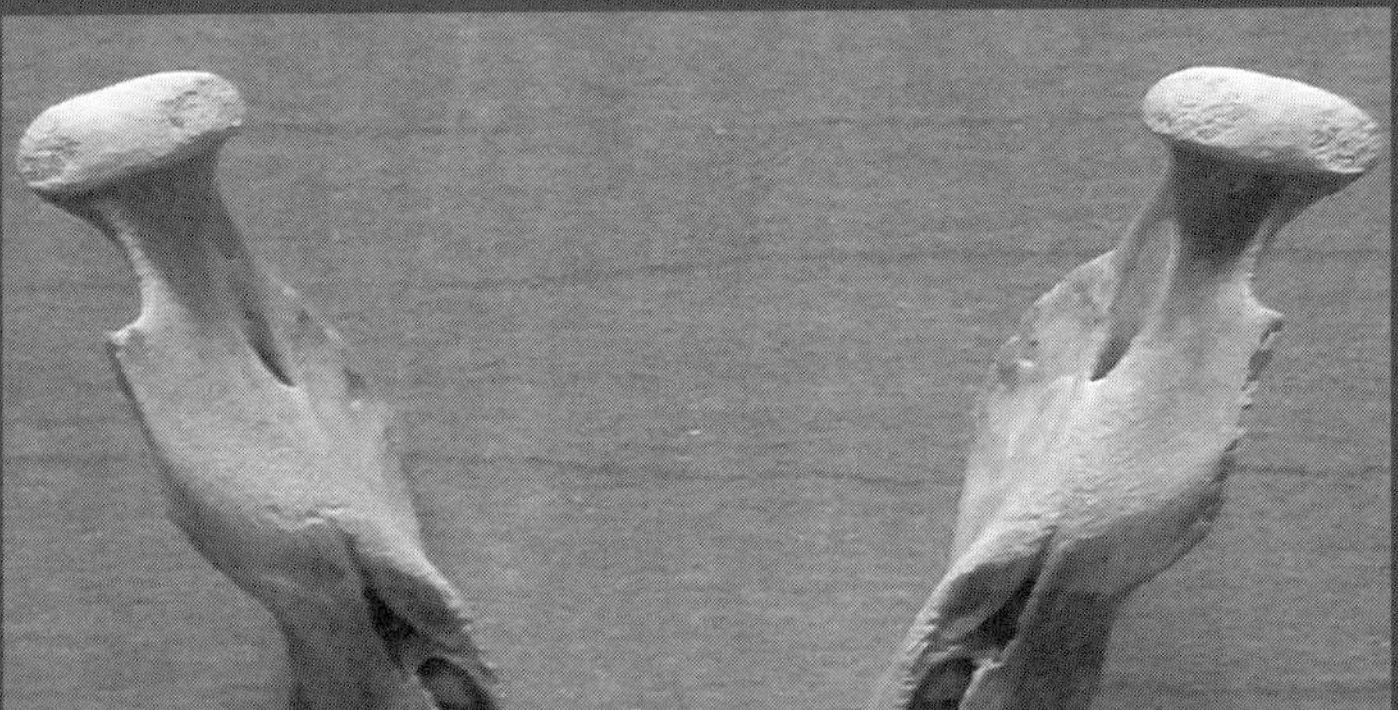

ニホンザルの下顎骨

動物たちの骨を拾ったり、死体の頭骨を晒《さら》していて最初に不思議に思ったのは、サルとほかの動物たちとの違いだった。

サルの頭骨は眼球がおさまる眼窩が壺状の空洞になっているが、ほかの動物たちはそうなっていないこと。

さらに、サルの下顎骨は一つだが、ほかの動物は、左右の下顎骨がバラバラで離れていることだ。

山中で拾うシカなどの白骨死体でも、下顎骨は左右バラバラで片方しか見つけられないことが多い。道路でタヌキの轢死体を拾って持ち帰り、肉を腐らせて、水洗いすると、下顎骨はたいてい左右バラバラに離れた状態になる。

しかし、サルの下顎骨はどんな状態でもいつも左右が一緒になっていて、右と左の二つに分かれるほかの動物の下顎骨が不思議な感じさえする（写真）。

「3　食べ痕はサルの無実の証明」で載せた38ページの写真を見て、気がついた読者の方もいることと思う。気がつかなかった人は、もう一度動物たちの下顎骨の切歯の写真を見てほしい。

◉―タヌキ（左）とニホンザル（右）の下顎骨

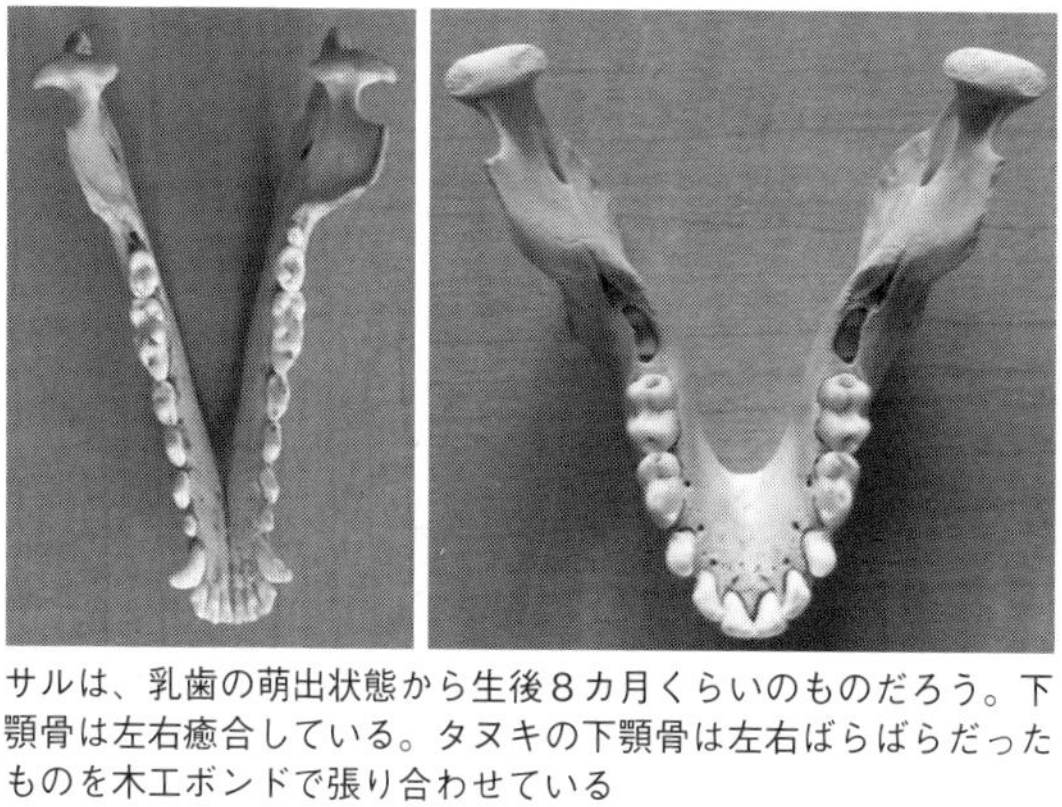

サルは、乳歯の萌出状態から生後８カ月くらいのものだろう。下顎骨は左右癒合している。タヌキの下顎骨は左右ばらばらだったものを木工ボンドで張り合わせている

わかりましたか?

そう、サルをのぞくどの動物の下顎骨の切歯も、真ん中で左右に分かれているように見える。動物たちの下のあごは、骨にすると左右に分かれてしまう。そのため、ぼくは左右の下顎骨を木工ボンドで張り合わせて写真に撮っている。

しかし、そのようにしなくてもサルのように左右しっかりと縫合・癒合している骨がある。ぼくの手持ちの頭骨では、イノシシの下顎骨や、アフリカに生息しているハイラックスの下顎骨だ。ハイラックスと近縁のゾウも同じように癒合しているし、ほかの動物たちでも歳をとった個体では左右の下

◉—左右の下顎骨がくっついている動物たち

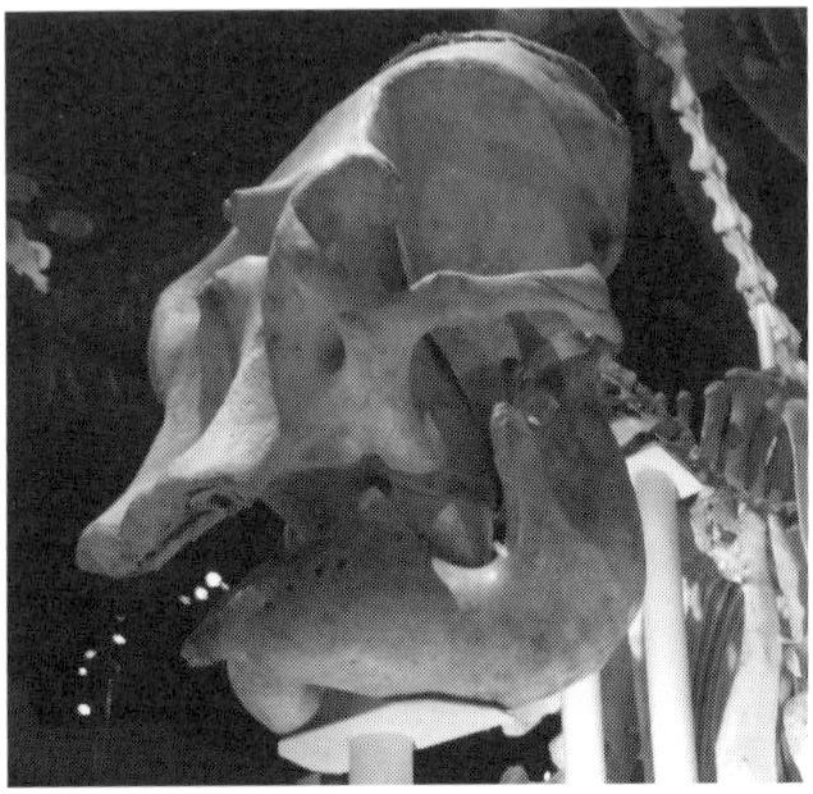

ゾウ（下顎骨は下のV字型の骨）（国立科学博物館所蔵）

ハイラックス

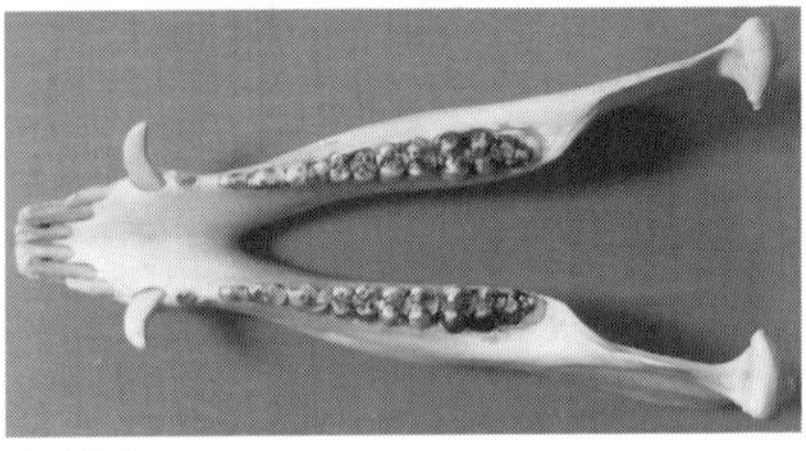

イノシシ

顎骨が癒合している。

しかし、これは非常にめずらしいことだ。

節足動物や脊椎動物の体は、どんな動物でも左右同形になっている。もちろん内臓に関しては、心臓は左にあって右にはないのだが、外から見た外部形態は左右が同じ形になっている。右手があって、左手がある。これは、頭骨に関しても同じで、左右に頬骨がついている。顔の真ん中にある鼻だって、鼻骨は左右一対よりなる。

ヒトの頭骨では、後頭骨や下顎骨などは生まれたときから一つだ。

すべての哺乳動物の頭骨は、正中線で見ると左右同形である。となると、一つしかないような骨も、もともとは左右一対の骨が発生段階のときにすでに縫合したものではないだろうか。

おでこにあたる前頭骨は、サルやヒトでは新生児のときは左右の一対だが、サルは二カ月過ぎになると、ヒトでも遅くても四、五歳になると一つになり、左右の骨が縫合した痕跡さえわからなくなる。

しかし、ネズミ、ウサギ、タヌキ、ネ

◉—アナグマの下顎骨

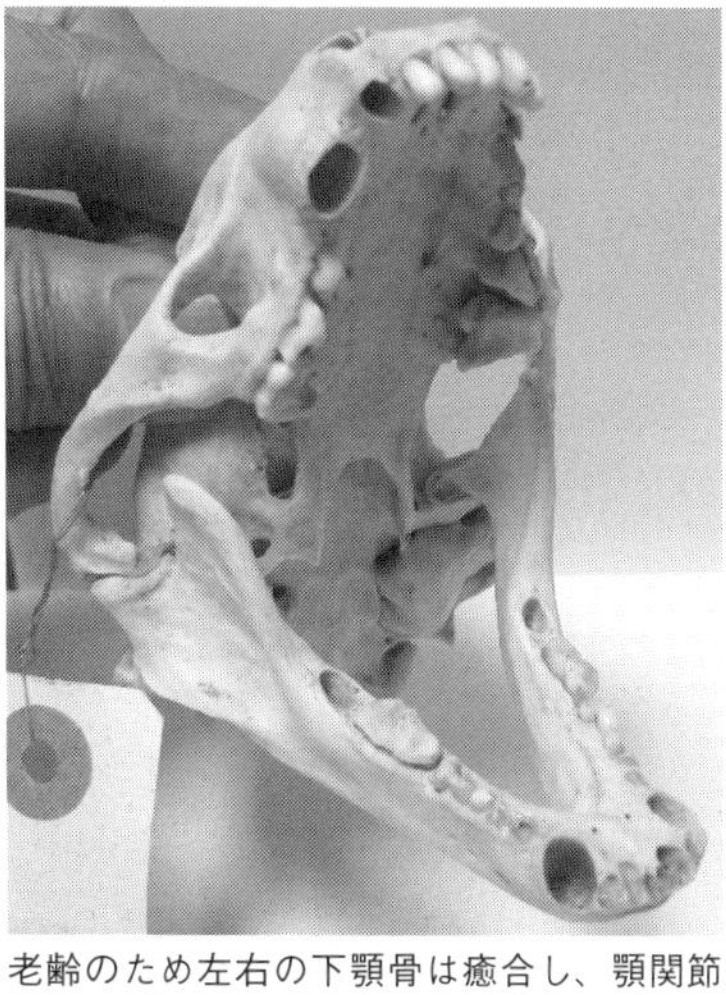

老齢のため左右の下顎骨は癒合し、顎関節からはずれない。これは、非常にめずらしいことだ。このままの状態で丹沢山中で拾ったものだ

コ、シカ、カモシカなどの多くの動物は、性成熟を過ぎても、まだ、縫合線がはっきりわかる。

このように縫合線に注目してみると、興味深いことが見えてくる。

多くの動物たちの頭頂骨が、後頭骨をのぞく頭骨のなかではもっとも早く癒合して、境目がわからなくなる。

採集した頭骨からわかることは、シカやカモシカは、二歳ごろには頭頂骨は一つになり、アナグマ、テン、イタチなども頭頂骨が一歳を過ぎたころに癒合する。

一方、モグラやネズミ、ウサギの仲間で、縫合線がわからなくなるほどしっかり癒合するのはリスの仲間くらいで、ほかのネズミやウサギの仲間はいつまでも縫合線がわかる。

頭頂骨が生まれて間もなく縫合・癒合して一つになる動物たちに共通しているのは、側頭筋という咀嚼筋がしっかり頭頂骨に張りついていることだ（写真）。その側頭筋の支えとして、左右の頭頂骨の縫合部が盛り上がって矢状隆起を形成

◉—キツネの頭骨

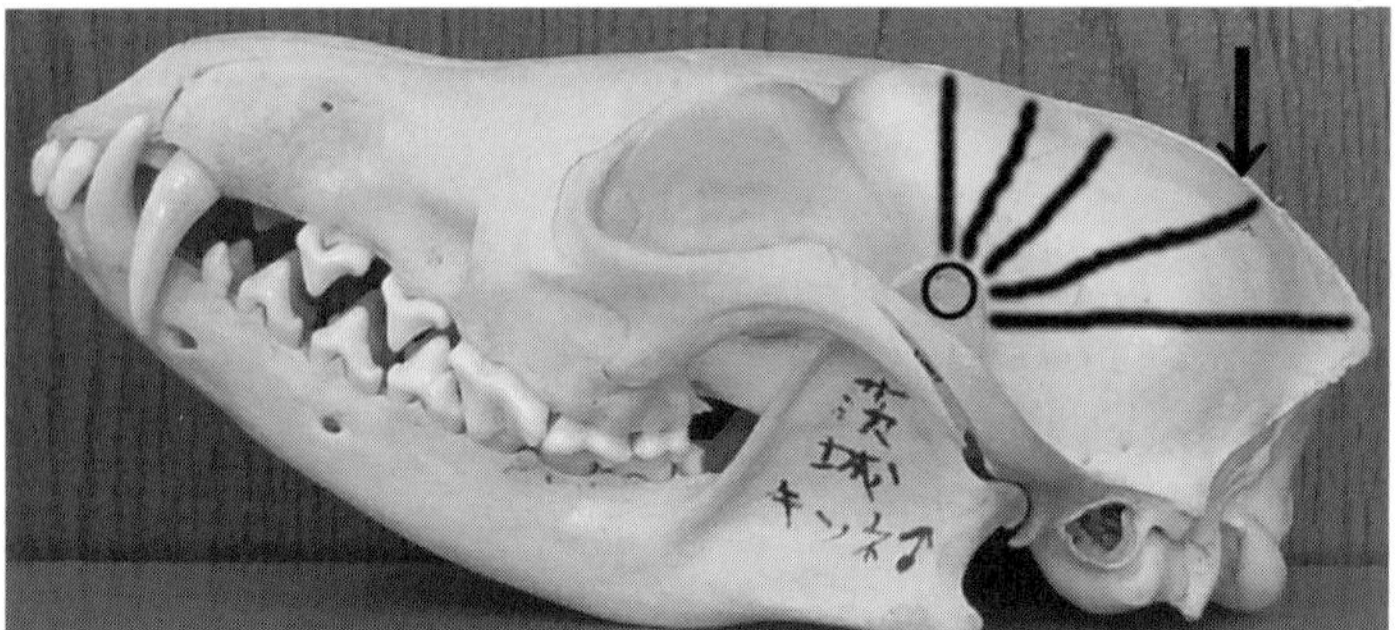

下顎骨の筋突起（○印）から矢状縫合（↓印）に向かって頭頂骨や側頭骨の全域に張りつく側頭筋（黒い線）。側頭窩はこの側頭筋で埋まる

する。

また、どの動物でも後頭骨が生まれたときから一つになっているのは、重い頭を支える首がつく大孔が後頭骨にあるからだ。生後、まず頭を支える受け皿が後頭骨になるため、後頭骨が一つになってがっしりしていなければ、首がいつもふらふらすることになる。だから頭を支える首の筋肉は後頭骨にへばりつく。

つまり、頭頂骨の縫合・癒合は成長するうえでの咀嚼筋が重要な役割をもち、後頭骨がどの動物でも一つなのは、生後すぐ頭を安定させる筋肉が付着するためなのだ。

これらの咀嚼筋と頭頂骨や首の筋肉と後頭骨の例から、なぜ、ヒトやサル、イノシシの下顎骨が生まれたときから、あるいは生後間もなくしっかり癒合していくのかを考えてみよう。

頭頂骨は側頭筋が張りつくために必要だった。つまり、食物の咀嚼に大事だということだ。下顎骨は呼吸とは関係がなく、もっぱら食物の咀嚼にのみ関係している。そのために、サルやイノシシでは、左右の下顎骨が癒合したのだろうと考えられる。

では、食物をどのように咀嚼するために下顎が癒合したのだろうか?

サルとイノシシに共通しているのは、ドングリやタケノコや木の根などの堅い食物を食べることだろう。さらに、小臼歯や大臼歯がほとんど臼状になっていて、タヌキやキツネなどの食肉目の動物たちのものとは根本的に異なっている（次ページ写真）。サルとイノシシは、下顎骨の動かし方、口の

◉—臼歯の比較（左は上顎、右は下顎）

ニホンザル

小臼歯は上・下とも２本、大臼歯は上・下とも３本。すべての臼歯が臼状になっている

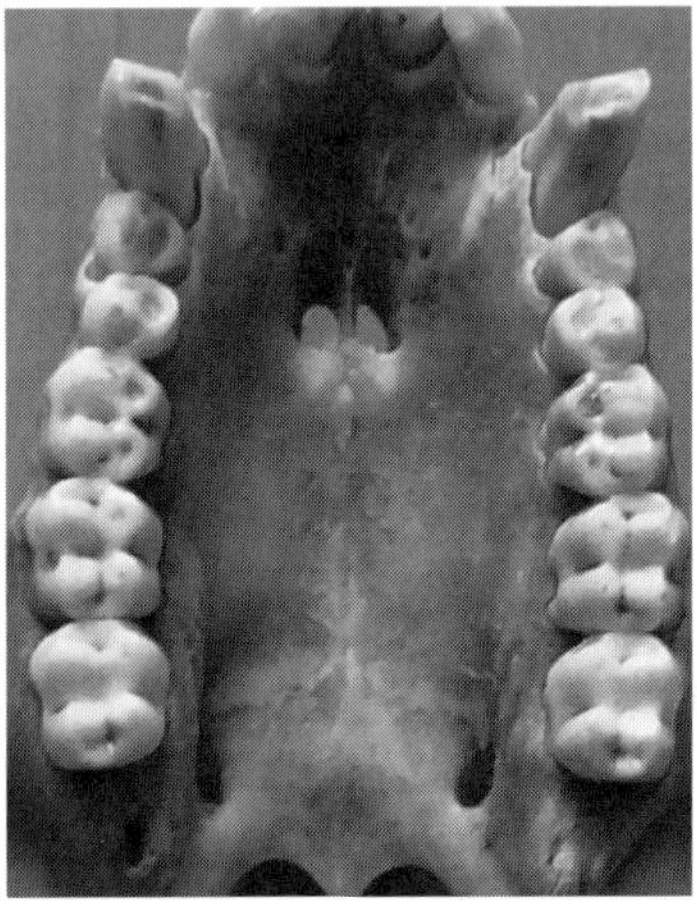

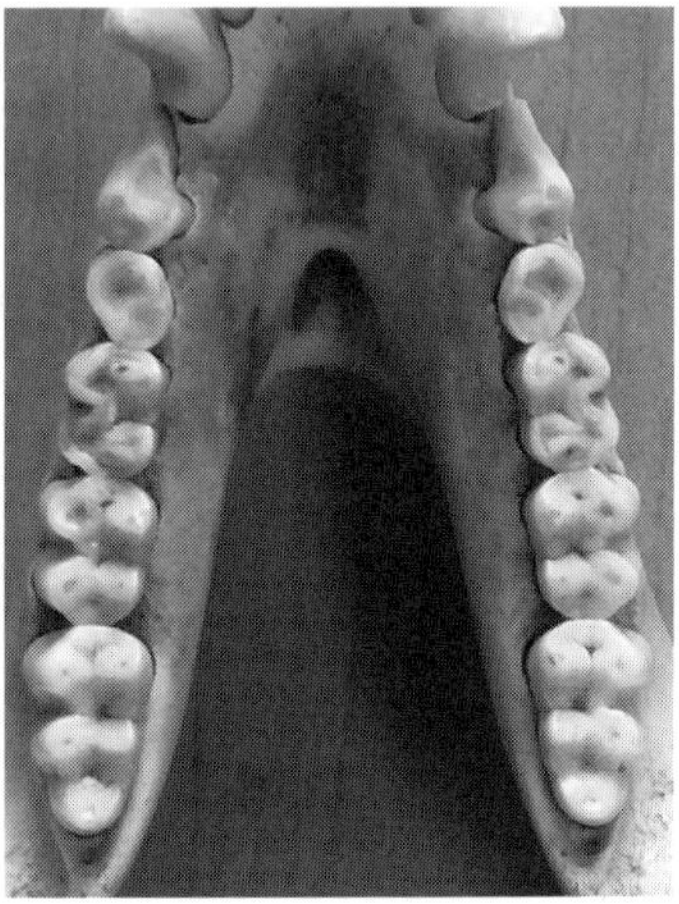

イノシシ

小臼歯は上４本、下３〜４本、大臼歯は上３本、下２本。第一、第二小臼歯をのぞいて臼状になっている

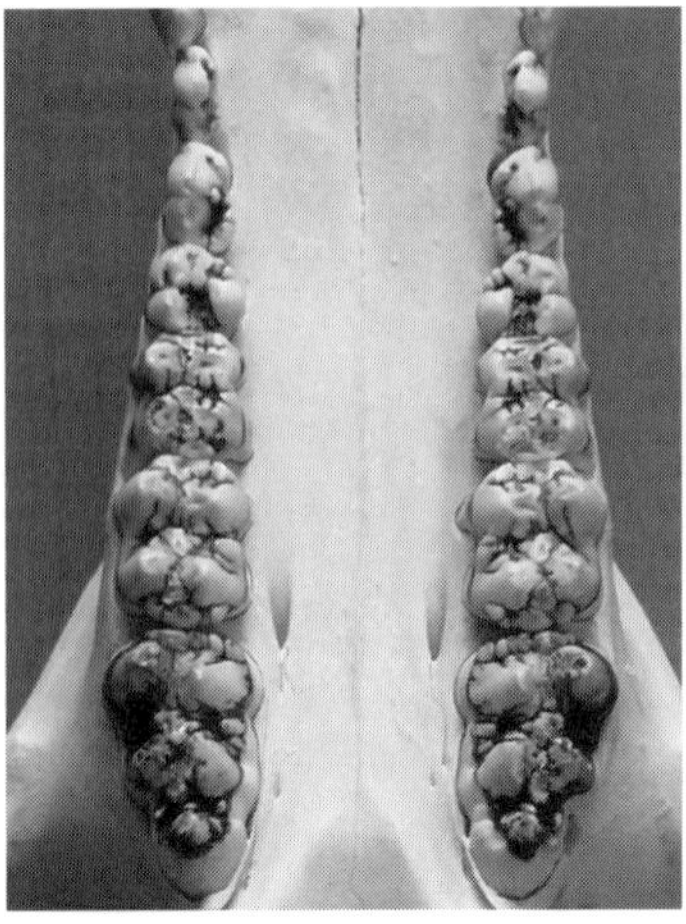

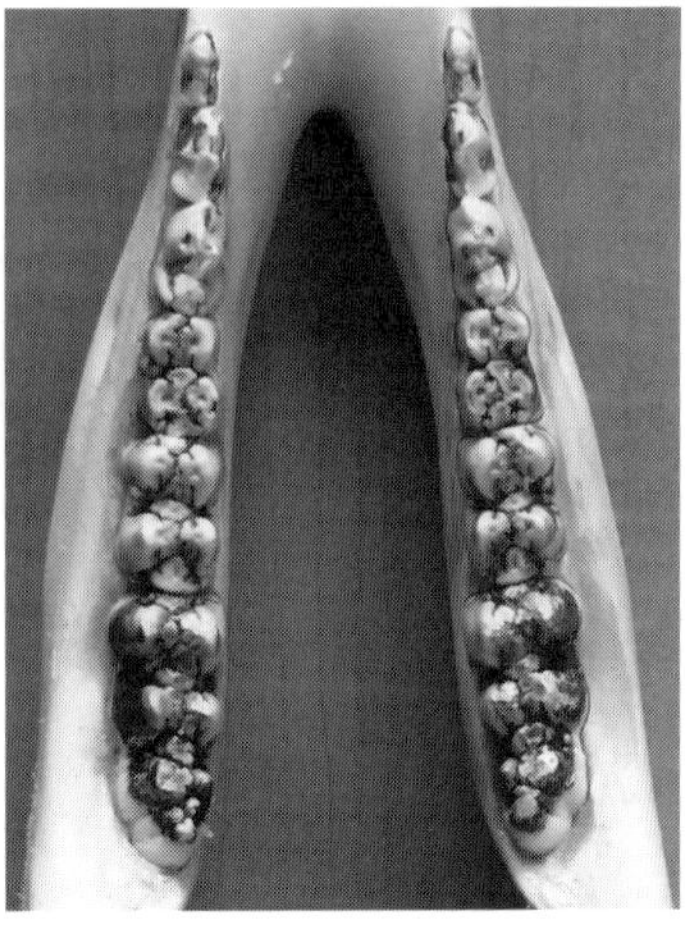

タヌキ

小臼歯は上４本、下４本、大臼歯は上２本、下３本。上顎の大臼歯の舌側が臼状だが、ほかはすべてとがっている

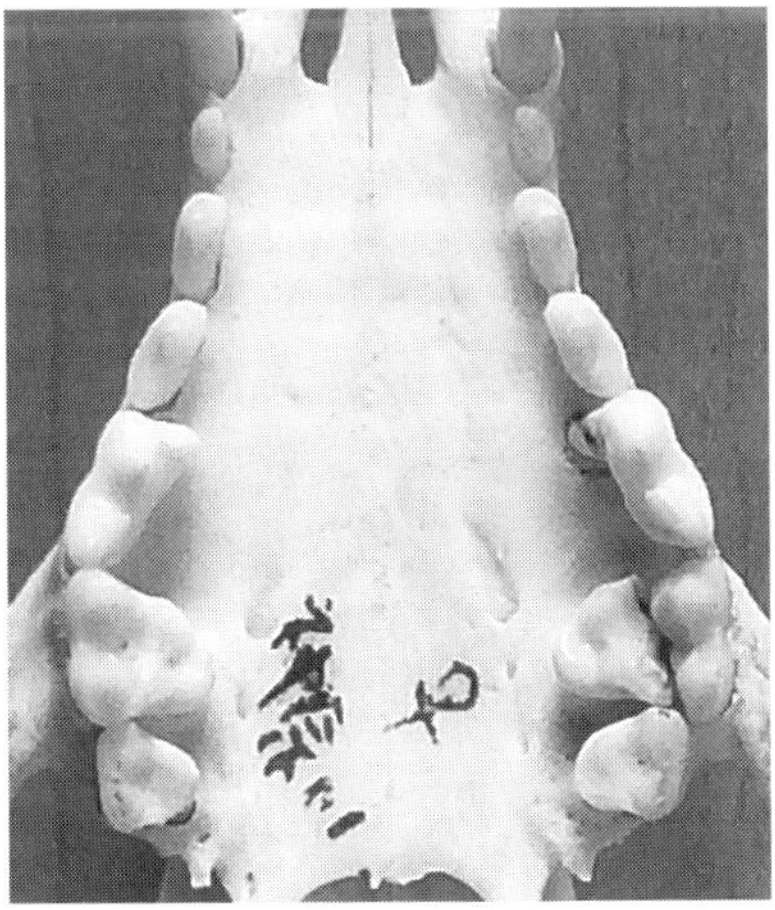

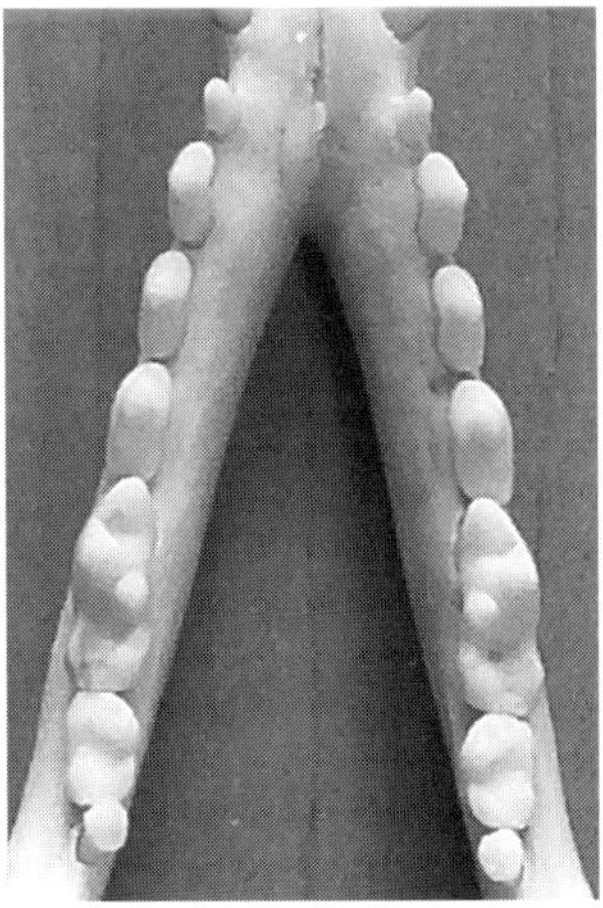

キツネ

小臼歯は上４本、下４本、大臼歯は上２本、下３本。上顎の大臼歯の舌側は臼状だが、ほかはとがっている

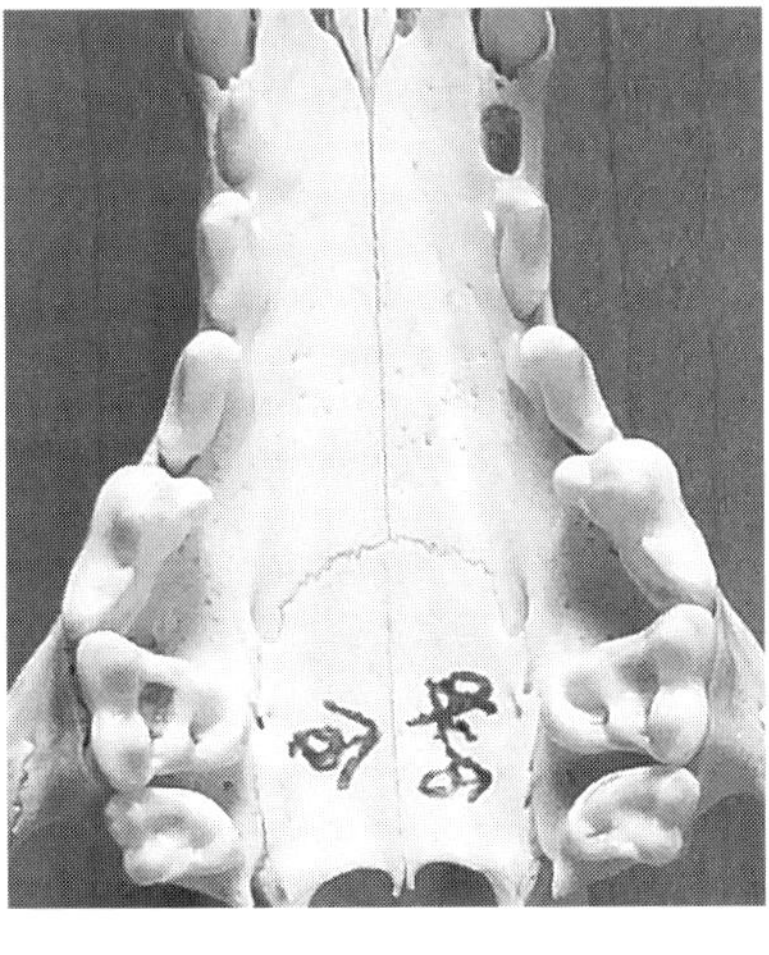

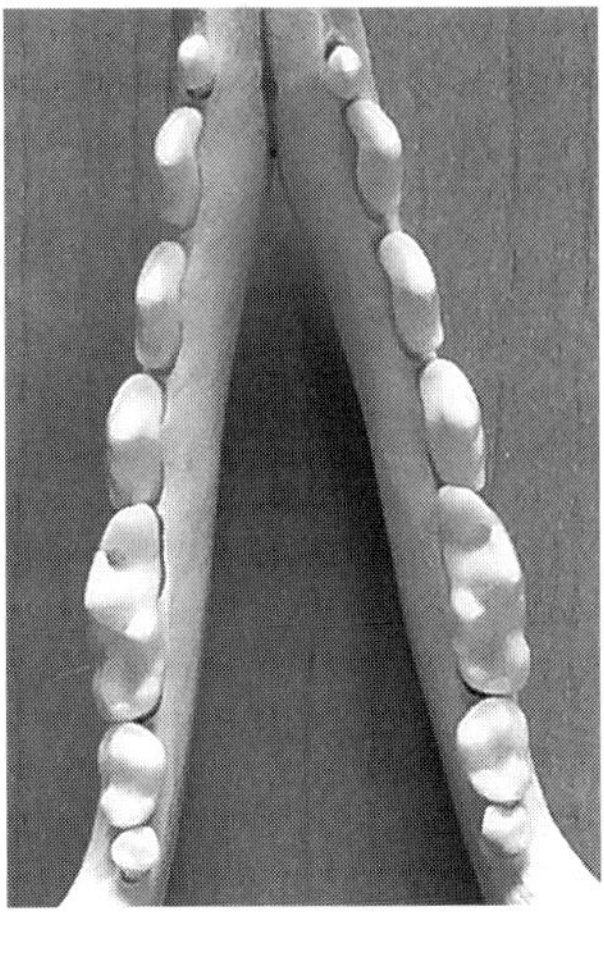

なかでの食物の咀嚼の仕方に共通性があるのだ。

タヌキやキツネの仲間は、果実や肉を食べるときは、食べ物を引き裂いて口に入れ、ほとんど噛まずに呑みこんでしまう。

しかしサルやイノシシでは、丸呑みなんてことはほとんどしないで、何度も食べ物を噛み砕いてから飲みこむ。

ネズミの仲間なら、堅い物を切歯でカリカリと齧りとり、臼歯では軽く咀嚼する程度だ。

だが、シカやカモシカは、草や樹皮を臼歯で念入りに咀嚼する。サルやイノシシとの違いは、片側だけで食物を咀嚼するか、左右の下顎を引き上げて咀嚼するかどうか、ということだ。

同じような食べ方をしていながら、そんなに大きな違いが下顎骨に生じたのはなぜなのだろうか？

左右の下顎骨が癒合していることによる有利な点はどんなことだろうか？

有利な点は、同時に左右の咬筋を縮めることによって二倍の力をもたらすことができることだ。

シカは反芻するが、イノシシやサルは反芻しないので、ドングリや堅い果皮をもつ果実や繊維の多い根茎類をしっかり咀嚼しなければいけない。そのためには、サルやイノシシたちは離乳が過ぎるころにはしっかり咀嚼できるような下顎骨が必要なので、左右の下顎骨が癒合して生まれてくるのだ。

噛む力の強さを必要とするのは肉食獣たちも同じだが、肉食獣にとって、獲物を捕まえて噛み殺すのも肉を引き裂くのも、左右両方の犬歯で同時に噛んだり左右の裂肉歯（食肉目の上顎骨の第四小臼歯と下顎骨の第一大臼歯のこと）で同時に肉を引き裂くよりも、片側で噛むほうが楽に犬歯を相手に食いこませたり、肉を引きちぎることができるのだ。裂肉歯によって引きちぎられた肉は、ほとんど噛まれることなく飲みこまれる。

サルやイノシシなどは、咀嚼筋が付着する左右の下顎骨が縫合・癒合して一つになることで、頑丈な構造になっている。そのような構造だと、左右両方の咬筋や側頭筋などに同時に強い力を入れやすく、より堅いものを噛めるようになるのだ。

これは、首がつく後頭骨がすべての動物において生まれながらに一つであり、頭頂骨がほとんどの動物たちにおいてすぐ縫合・癒合することからの、ぼくの推察である。

コラム

角がとられたカモシカの死体

中国でのキンシコウの調査は二、三月の積雪期に行なわれた。積雪期のほうが、山の広葉樹の葉が落ちていてキンシコウを見つけやすいし、さらに夏場に比べると冬場のほうが彼らの移動距離が短いので一カ所で腰を落ち着けて観察できるからであった。

中国の山は日本の山のようにたおやかな山並みではなく、山水画の墨絵の世界の山であった。隣の尾根に移るには、深く切りこんだような峡谷まで下りて再び登らなければならない。キンシコウやパンダが生き残ってこられたのは、人が入りこめないような地形があるからだと思った。

峡谷の沢ぞいを歩いていると、野生動物の滑落死体が必ず見つかった。腐敗していない新鮮な滑落死体があると、動物たんぱくに飢えていたぼくと日本人の老先生は、胸肉や背の肉をできるだけ切りとって持って帰った。

中国の人たちは、ぼくらのそのような行為を冷ややかに見ていた。調査地は自然保護区にあたるので、樹木の伐採、漢方薬用の植物の盗掘、野生動物の捕獲は禁止されていた。そのためであろう、たとえ新鮮な死体であろうとも運び下ろすことはしなかった。

しかし、あるときカモシカの滑落死体の角にノコギリ状のもので切りとられた痕が残っていた。カモシカの角を何に使うのだろう。日本の焼酎よりも強い度数の白酒《パイチュウ》を飲みながら、老先生とカモシカの角について話し合った。

それから間もなく角の用途がわかった。ぼくと老先生がカモシカの肉を切りとったあとで、キンシコウを探したり荷物を持ったりしてくれていた農家の人が、角を大きな石で叩いて折りとったからだ。聞くと薬にするようだ。

日本でもカモシカの死体から角だけとっていく人がいることがわかった。丹沢の塩水橋《しおみずばし》から堂平《どうだいら》までの林道ぞいで新鮮なカモシカの死体を見つけたことがあった。肉が朽ちるまで待とうとそのままにして、一カ月半後に様子を見に行ったところ、なんと頭骨つきの背骨と足の一部が残っているだけだった。おそらくぼくらが見つけた直後に、解体して運びやすくして持ち去ったようだ。角はノコギリで切りとられて持ち去られていた（写真）。

インターネットで調べると、カモシカの角にはさまざまな薬効があるようだ。

角がとられたカモシカの死体

1カ月半後に様子を見に行った

中段の写真の頭の部分

18

歳をとると頭骨も硬くなる?

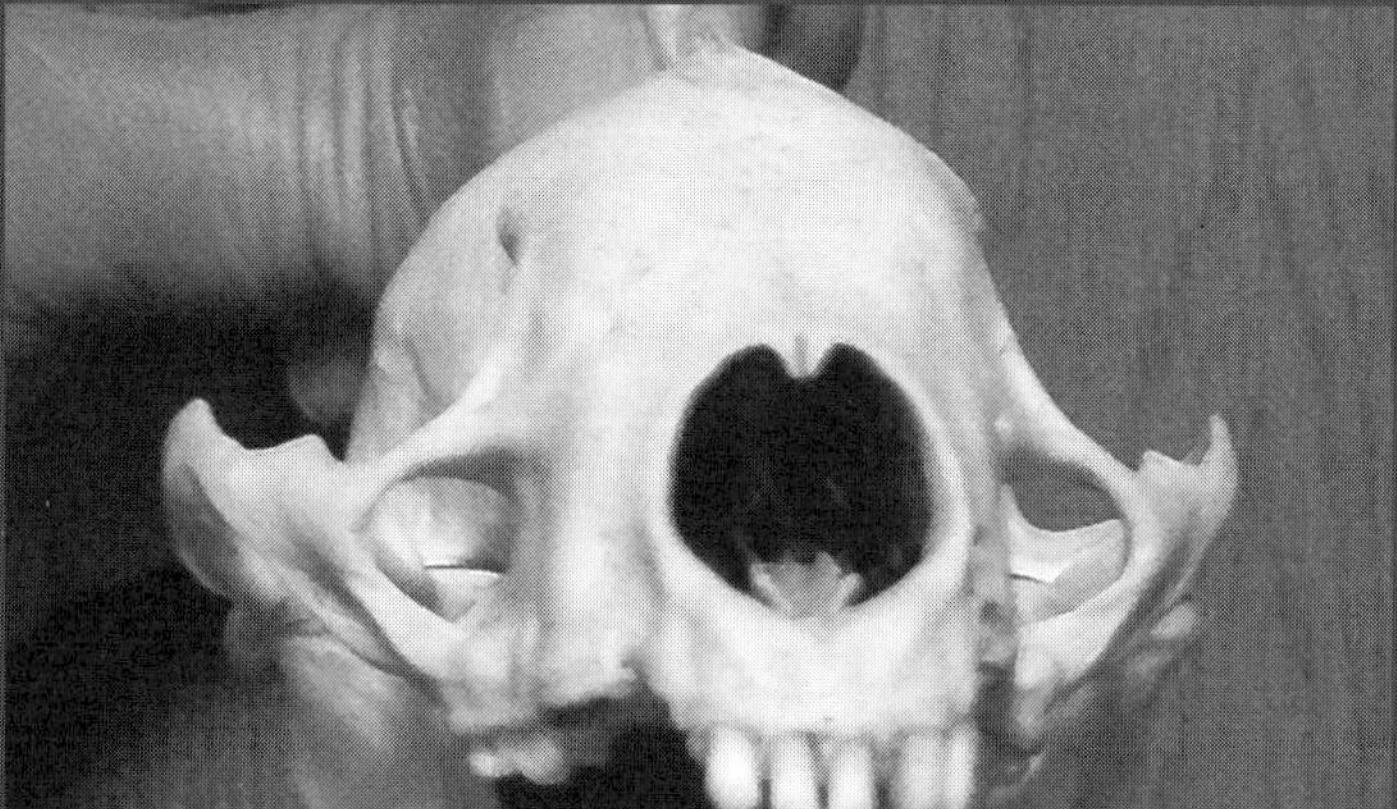

アナグマの頭骨。左右の下顎骨が癒合していることからかなり年寄りと思われる

「歳をとると頭が固くなる」というのは……これはもちろん頭骨のことをさしているのではなく、考え方に柔軟性がなくなることを言うのだが、動物たちの頭骨を集めていて、ん？と疑問に思うことの一つに、「歳をとると考え方ばかりでなく頭骨も硬くなるの？」ということがある。

死亡した動物の頭骨から年齢を推定するのは、非常に難しい。もちろん、子どもか大人か老個体か、と大雑把ならわけないことだ。

乳歯や永久歯は出てくる順番に違いがあって、動物種によってある程度一定しているので、年齢推定に使える。

しかし、ニホンザルなら八歳を過ぎたものはお手上げである。ほかの哺乳類では一年で性成熟を迎えるため、一歳以上となると歯が全部出揃っているので、出てくる順番からでは判断できない。

クマは、犬歯の歯根部の成長の度合いによる推定がなされてはいるが、五歳以上になるとお手上げだ。あるいは、ちょっと専門的になるが、歯の歯根部のセメント層を顕微鏡で観察するという推定方法がある。これは歯を薬品処理したり、ミクロトームという器具で材料を一ミリ以下に薄く切らなければならないので、一般的には無理である。

シカやニホンカモシカは、歯の磨耗状態でも判断されている。これはある程度推定できそうだが、棲んでいる地域によって植生が違うので問題がある。

さらに、シカは角の枝分かれの数とか、カモシカは角にできる輪の数で判定しているが、これもあまりにも大雑把すぎるし、シカは年齢とともに角の枝分かれが必ず増えるわけでもないし、メスには角がないのでお手上げだ。

頭骨の各部分の縫合状態も、動物種によって月齢・年齢による一定の違いが明らかなので、ある程度の歳を推定することができる。すべての頭骨の縫合線が不明瞭になり、矢状縫合が癒着して盛り上がり、さらに後頭骨の項稜も隆起しているなら、かなりの老齢個体と考えてよいだろう。これらの縫合線の癒合や隆起に加えて、歯が欠損していたり、ひどく磨耗しているなら、もうかなりの老齢個体であると判断して間違いないだろう。

さて、ぼくの頭骨コレクションのなかで、もっとも老齢のものは、丹沢の堰堤の下で見つけたオスザルの頭骨と、やはり丹沢の林道を歩いていて見つけたアナグマのものであり、もう一つは我が家で飼っていて一四歳で死んだ雑種犬クロの頭骨である。

丹沢のサルの頭骨は、ぼくが前の年の暮れに観察していたとき、足腰が曲がってヨタヨタ歩いていたので、二五歳は優に超えると推定される個体のものである。

野生動物の寿命はわかっていないが、アナグマについては飼育下の状態では一三年、サルは三〇年、イヌは一二年が寿命のようだ。

三者の頭骨を並べて見てもらおう（次ページ写真）。

上から見た頭骨は、三者ともがっちり縫合・癒合しており、矢状縫合が盛り上がって矢状隆起となっている。また、頭頂骨と後頭骨の縫合線が不明になるほど癒着し、後頭骨上部の頭頂骨近くにある項稜が著しく盛り上がっている（写真下）。

それぞれの頭骨を仔細に観察してみよう（次ページ写真）。

アナグマは、上顎の左右の第一小臼歯は摩滅し、左の犬歯は消失している。犬歯の消失した部分の治癒したへこみ具合から、おそらく思春期にオトナオスとケンカして噛みとられてしまったのだろうと考えられる。

また、左右の下顎骨の切歯や小臼歯は摩滅しているので用をなさなかっただろう。

さらに、左右の下顎骨は縫合し、完全に癒合しており、上顎の関節から下

◉━年寄りの動物の頭骨

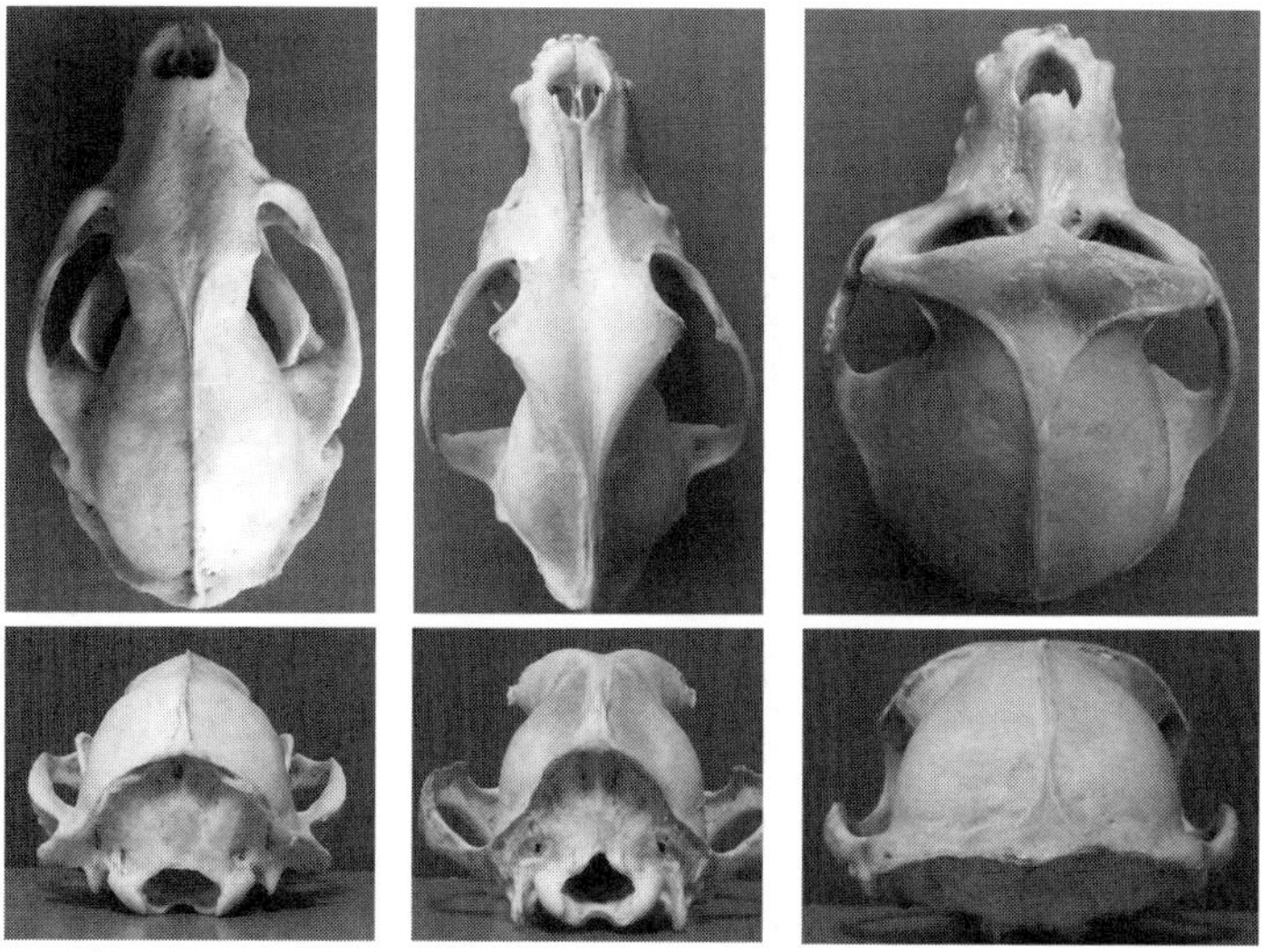

アナグマ　イヌ　ニホンザル

三者とも矢状縫合線が癒着し隆起し（上）、また後頭骨の上部の項稜が著しく隆起している（下）

顎骨をはずすことができない。

　これらからも、一三〜一四歳以上の年齢で死んだと思える。通常では、左右の下顎骨が癒合するのはありえないことなので、二〇歳を超えるような、かなりの老齢個体かもしれない。

　我が家の飼いイヌだったクロの頭骨は、左右の前顎骨や左右の鼻骨の縫合線が癒着しているものの、ところどころ縫合線がわかる。

◉—アナグマ

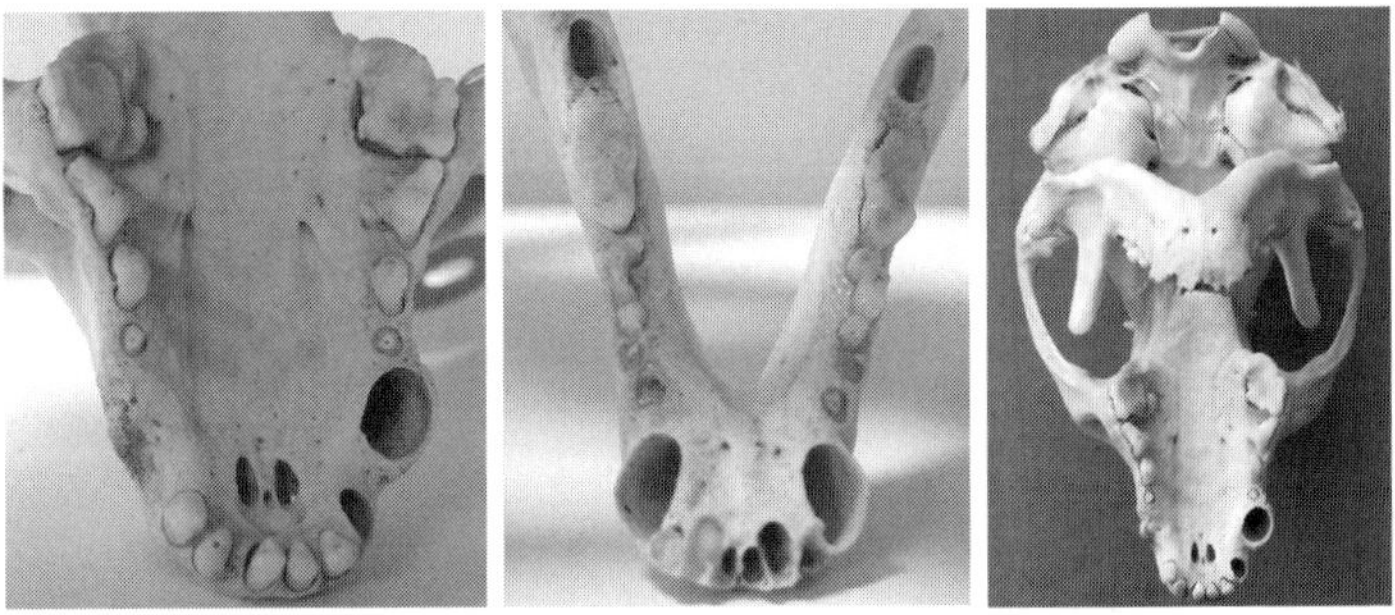

左右の下顎骨は縫合・癒合し、上顎の関節からはずれない。上顎の第一小臼歯、下顎の右第二、第三切歯と左右の第一、第二小臼歯が磨耗し、骨面と同じ高さになっている。左の上顎の犬歯は若いときに欠損し治癒したことがわかる

◉—イヌのクロ

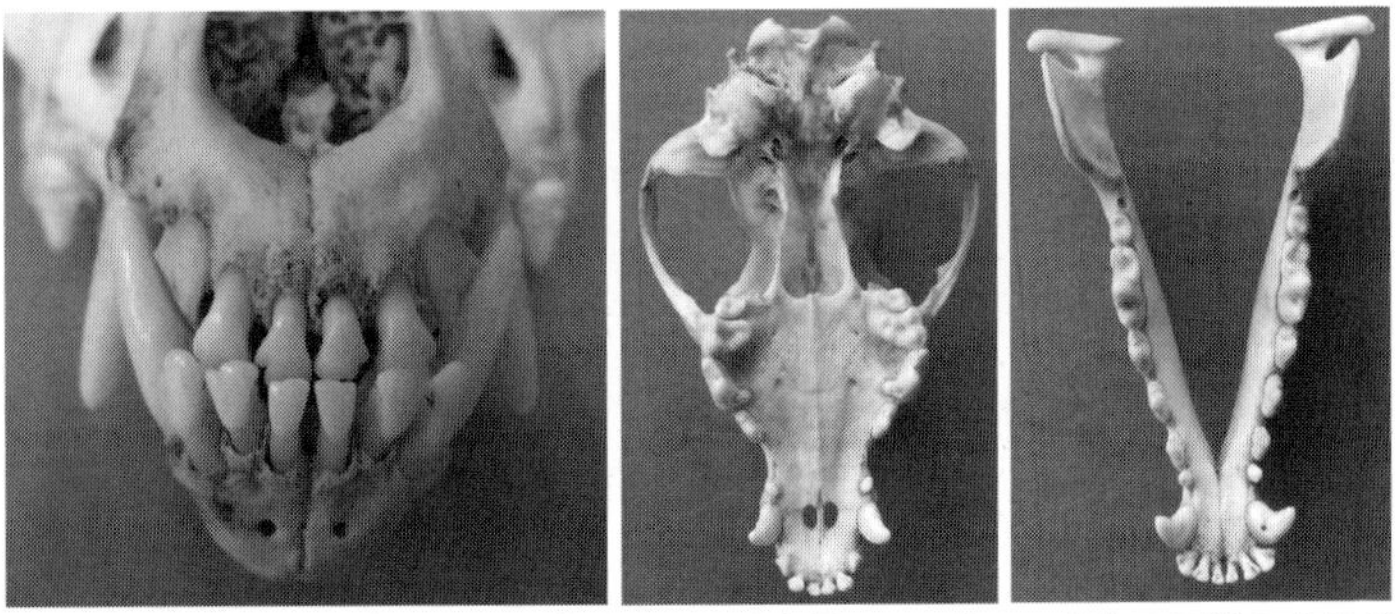

飼育下で 14 歳まで生存したが、歯はほとんど磨耗していない。左右の下顎の犬歯が上顎の左右の第三切歯と咬み合い、切歯が磨耗。ほかの歯は磨耗の程度が非常に軽い

しかし、クロは一四歳のかなりの老齢であるにもかかわらず、歯は磨耗しておらず立派である。上顎の左右の第三切歯が下顎の犬歯との咬合による磨耗が見られるくらいだ。これは飼いイヌで、ドッグフードをふくむやわらかい食べ物を食べていたからだ。

オスザルは、よくもこれまで生きてこられたな、というような歯をしている。

下顎では、左の切歯二本と犬歯が欠如し、それに合わせるように上顎の左の第一切歯が欠如している。おそらく若いときのオスどうしのケンカでグシャオ（「9　噛みとられても平気な骨」参照）のように噛みとられたことによるものだろう。これらの歯が欠けているために、上顎の切歯はゆがんでいる。小臼歯も大臼歯も歯根付近まで磨耗して下顎の第一大臼歯や第二大臼歯は二つに割れている。犬歯も犬歯とは言えないような短さにすり減っている。

サルやアナグマの歯を見ると、もうこれ以上食物をとって咀嚼していくことは難しいと思われるような歯や歯茎をして

◉—ニホンザル

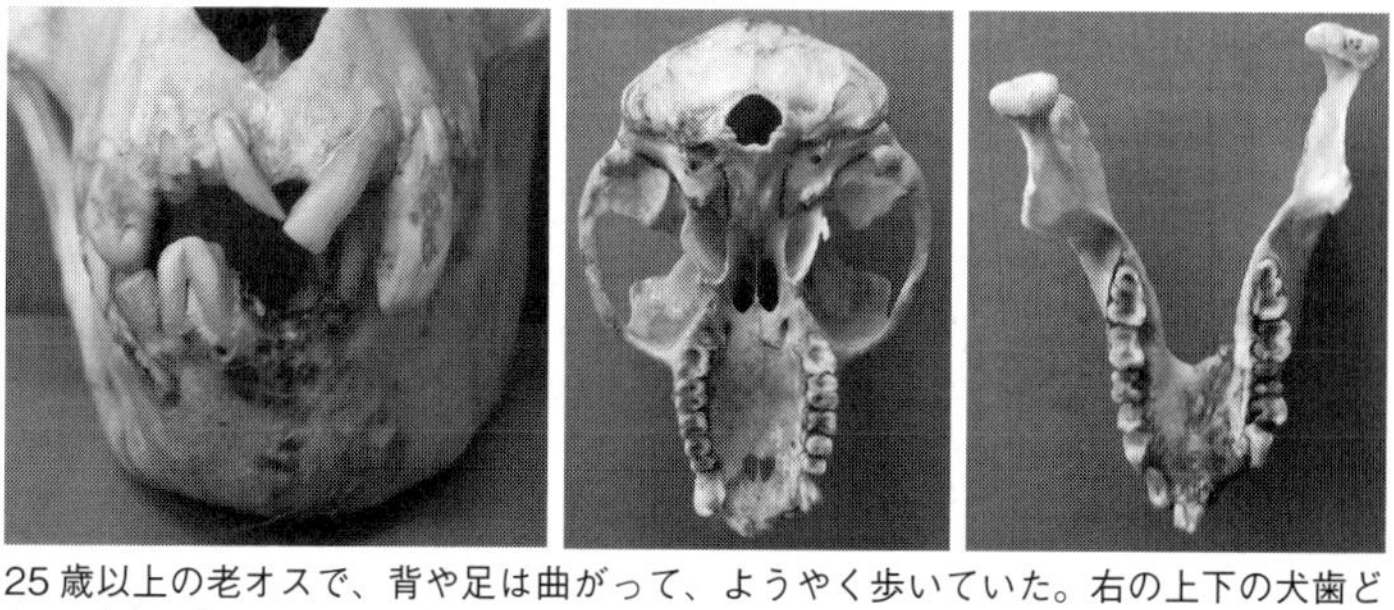

25歳以上の老オスで、背や足は曲がって、ようやく歩いていた。右の上下の犬歯どうしが咬み合い、互いに磨耗、小臼歯・大臼歯の歯槽部分が後退し、歯根部分が露出している。下顎の左の犬歯と２本の切歯、上顎の第一切歯は若いときに欠損。この歯でよく生きていたものだ

いる。よくもこれまで生きてこられたな、とさえ思う。クロは一四歳であるが、歯や頭骨はアナグマやサルに比べると非常に若々しい。サルやアナグマたちの歯がクロのような状態なら、倍は生きていけたのにと思ってしまう。

野生動物は食が命であり、それを獲得し咀嚼する手段がなくなることは死を意味するのだ。クロは頭骨や歯だけを見ると、あと二〇年も三〇年も生きていけそうだ。多分内臓やほかの器官が老化したのだろうが、ペットがいかに安穏と生活しているかが、歯や頭骨からわかる。

野外で生活していたサルやアナグマは、日々食物を探して、堅いものでも噛み、あるいは食物や異性をめぐって仲間と争った結果が、犬歯や切歯の消失や磨耗となって表われ、それが食物の咀嚼にも影響をおよぼしたことになる。歯の消失や磨耗が彼らの死を早めたことは疑いないだろう。

骨粗鬆症は老齢になると頭骨以外のどの骨でも生じるようだが、野生動物では見ることがない。これは、野生動物では骨粗鬆症が生じるずっと前に、歯がなくなったりすり減ったりしてしまい、食物をとることができなくなり、生き長らえていけなくなって餓死してしまうからだ。

だが、ぼくらヒトは、歯がなくなっても何年も生きていける。現代のヒトは、野生動物では歯がなくなって死んでしまう年齢に達しても、医学や薬学によって、さらには栄養も十分摂取して、十二分に生きることができているために、骨粗鬆症を生じることになるのだ。

コラム

頭骨標本の簡単なつくり方

頭骨標本をつくるには、まず材料となるものがなければいけない。

動物の死体と言っても、

①肉が新鮮なもの
②ウジがわいて腐って臭うもの
③半分干乾びて腐っているもの
④白骨化しているもの

などさまざまだ。

簡単に標本をつくれるのは④→③→②→①の順で、白くきれいな標本をつくることができるのは①→②→③→④の順である。

いずれの場合も動物一体分か頭が残っている場合とする。まず頭の部分を首から切り離さなくてはならない。

以下の処理をするときは、できるだけ仲間たちとわいわいやりながら、死体を持つ者と皮や肉を切る者と二人がかりでやるとよい。一人でやる場合は、家族に了解をとろう。

リスやネズミのような小さな動物なら、自分の部屋にビニールシートを敷き、その上に段ボール紙や新聞紙を敷いてその上で処理するとよい。

タヌキやイヌのように大きい動物は、庭かベランダで同じようにシートを敷いて行なう。

《1》皮を剥き、肉を取りのぞく

【用意する物】ハサミ、カッターナイフ

①～④いずれの場合もまず首から頭を切り離す。皮を切る。

①の場合、切りたい位置で毛を選り分ける。毛がないところにハサミを入れ、皮を切る。皮に切れ目を入れたところで首まわりの皮を切る。

次に、ナイフで筋肉を切る。

頸椎（首の骨）のつなぎ目のところにナイフを入れて一回りする。これで、首から頭を切り離せる。

次は、頭の皮を切り離した首の喉もとに向かってナイフを入れ（ハサミでもよい）、皮を切り裂き、口の先まで切る。

同じように頭の正中線にそって、首の根もとの皮のところからナイフを入れ、鼻の頭まで切り裂く。

切り裂いた皮を剥くようにして皮と肉との境目にナイフを入れて少しずつ皮を剥がしていく。

頭の皮を剥がしたら、できるだけ頬の肉や舌などを取りのぞく。さらに切歯などが抜けるなら、前もってとれる歯は抜いて保管しておく。

これが嫌なら《3》から始めてもよい。
②、③、④の場合は、水洗いしてできるだけ皮を剥ぎとり《3》から始める。

《2》煮る

【用意する物】 鍋。もしくは処理した頭骨を煮ることができる深めの金ダライのようなもの
鍋に皮を剥いだ頭骨を入れ、水を浸して五分くらい煮る。肉の色が赤から白に変わったら、お湯から取り出し、できるだけ肉や目玉を取り去る。ぐつぐつ煮ると筋肉がしまって骨を割ってしまうので、全体に火が通ったらＯＫだ。
煮る容器がなければ《2》を素通りしてもよいが、その代わりできるだけ除肉すること。

《3》水に浸す

【用意するもの】 ペットボトル
タヌキやイヌくらいの頭骨なら二リットル、テンなら一リットル、リスやイタチなら五〇〇ミリリットルのペットボトルの、上部の狭くなった部分をカッターナイフで切り離し、残りの容器のなかに水を入れて、煮た頭骨を浸ける。大きなイノ

シシの頭骨なら、大きいプラスチックのプランターの穴をふさいで入れて水を満たす。

全体をビニール袋などでしっかり覆う。これは腐敗臭が外にもれないようにするため。

このときに、動物タンパク分解酵素を使うと腐敗が早くなる。

腐ってきたからと水を取り替えてはいけない。腐敗が遅れる。

腐らせるのは時間がかかるので、早く骨をとりたい場合は、入れ歯洗浄剤かお風呂場などのパイプ洗浄剤などを使うと、肉質がぼろぼろになり早く骨を取り出せる。

しかしこの方法は、絶えず注意して肉の状態を見ていないと骨までもろくなってしまう。ぼくはズボラでいつも見ていることはできないので、単に水に浸すだけだ。ネズミやモグラだと小さいので、机の上にペットボトルを置いていつでもチェックすることができる。洗浄剤は肉類を化学的に分解するので悪臭がしないという利点がある。

腐敗するのに、夏場だと一カ月くらい、秋から春までだと三〜四カ月くらいかかる。

ペットボトルの外側からなかを見て、肉が溶けたような状態になったらOKだ。

ぼくは、冬場は暖かい自室に置いている。

屋外に置いておく場合は、ネコやカラスにいたずらされないように注意することだ。

《4》容器から取り出す

ペットボトルの水や腐敗物を静かに流す。水洗トイレや庭の水道があるところでやるとよい。何度か新しい水を加えて溶けた腐敗物を流す。庭でやる場合は前もって流しの排水溝のフタをはずして流れやすいようにしておく。

この腐敗物を流すときに、歯や鼻骨や聴胞（コラム「頭骨を知る」参照）などの骨片を流さないように、静かにていねいにやること。ネズミのような小動物の場合は、茶こしの上に流すとよい。

《5》流水で洗う

ペットボトルの底に小さな切歯や、第一小臼歯や第三大臼歯が落ちていることが多いので、ていねいにそれらの歯や骨をつまみ出す。

特に、トガリネズミ、モグラ、ネズミ、リスなどの小動物の場合には、切歯が非常に小さいので念には念を入れることだ。

また、頭骨についている歯は可能な限り抜き、ペットボトルの底にたまっていた歯と一緒にていねいに洗い、干す。

歯を抜くときには、歯式（134ページ参照）の順に、どこの歯であったのかわかるようにしておくと、あとで楽である。

弱い流水で頭骨を洗う。

腐敗臭がして気になる場合は、頭骨を一日水に浸けておく。

シカやイノシシのような大きな頭骨では、骨髄からにじみ出た脂質で茶色になることもある。その場合でも、脂を抜くための市販の薬剤は使わないほうがよい。あまりにひどい場合は、二、三分煮てしばらく湯に浸けておいて脱脂する。脱脂すると骨は白くなるが、骨が軽くもろくなるので、ぼくはある程度脂分を残したままにしている。

《6》干して、ボンドで修正

【用意する物】木工ボンド

日向に干す。

たいてい、干すと臭いは気にならなくなる。

乾いたら、歯をもとのところに入れてボンドで装着し、剥がれたり崩れた骨どうしをていねいに整えて木工ボンドでとめる。木工ボンドは水に濡らすとやわらかくなるので、あとで歯や骨をはずすことができる。

《7》ラベルをつけて完成

【用意する物】 紙と糸

ラベルに、動物名、発見場所、発見した日時、性別などを記録し、糸を通して頬骨弓などにぶら下げる。

はい、ご苦労さま。

《1》から《4》の工程をやめて、庭の土に埋めてもよいが、きれいな白い骨にするのは難しい。

大変困難なのは、山や道路で拾った動物死体で、《1》の作業を現地で行なう場合だ。

また、注意しなければいけないのが、《4》の作業のときに歯や骨の破片を流してしまわないようにすること。そのためにもはずせる歯や小骨は《1》の作業のときに別にしておくことだ。

完成した標本はいつでも手にとって眺めてください。その頭骨に愛着がわきますよ！

◉参考文献

安部永　2007『日本産哺乳類頭骨図説』北海道大学出版会
加藤嘉太郎　1990『家畜比較解剖図説』養賢堂
後藤仁敏・大泰司紀之編　1994『歯の比較解剖学』医歯薬出版
佐藤達夫訳　1994『人体解剖カラーアトラス』南江堂
瀬戸口烈司訳　1991『図説　哺乳類の進化』テラハウス
獨協医科大学第一解剖学教室「哺乳類頭蓋の画像データーベース（第２版）」http://macro.dokkyomed.ac.jp/mammal/jp/mammal.html
平川浩文のホームページ　2006「ウサギの類糞食」http://cse.ffpri.affrc.go.jp/hiroh/coprophagy.html
藤田恒太郎　1998『人体解剖学』南江堂
森於菟・平澤興・他　1980『解剖学１　総説・骨学・靭帯学・筋学』金原出版
Anthony F. DeBlase & Robert E. Martin, 1974, “A Manual of Mammalogy with Keys to Families of the World” Wm.C. Brown Company Publishers
Fiona A. Reid, 2006, “Mammals of North American” Houghton Miffin
Mark Elbroch, 2006, “Animal Skulls” Stackpole Books
Macdonald D.(ed.), 2004, “The New Encyclopedia of Mammals” Oxford Univ. Press

頭骨写真索引

付　録

ぼくの頭骨コレクションのなかで、
本文に載せられなかったものを紹介します。
＊は、ぼくが死体から頭骨標本をつくったもの、
それ以外は頭骨そのもの拾ったり、
いただいたりしたものです。

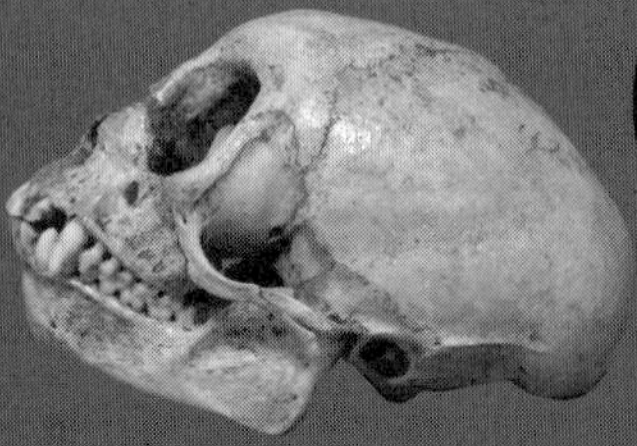

リスザル＊：飼育されていた死体をもらい、土に埋めて標本に

ウシ：下北半島の牧場で拾う

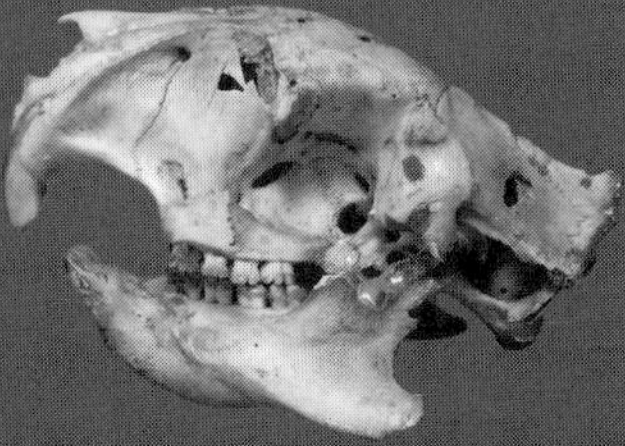

ヨシネズミ：マハレの焼け野原で、ゾウの歯とともに採集

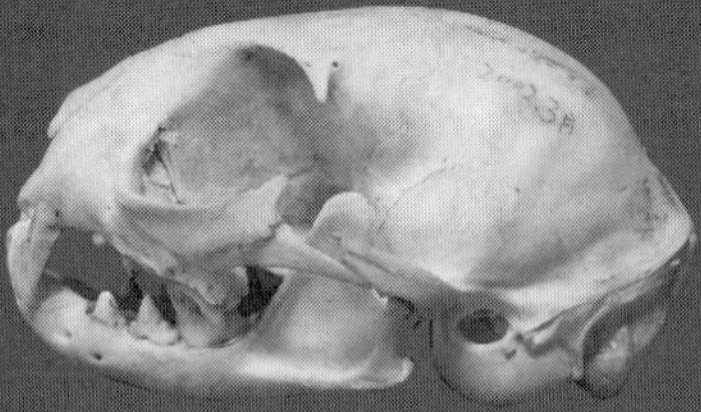

ヤマネコ＊：中国でのキンシコウの調査時に、農家で殺したものをもらう

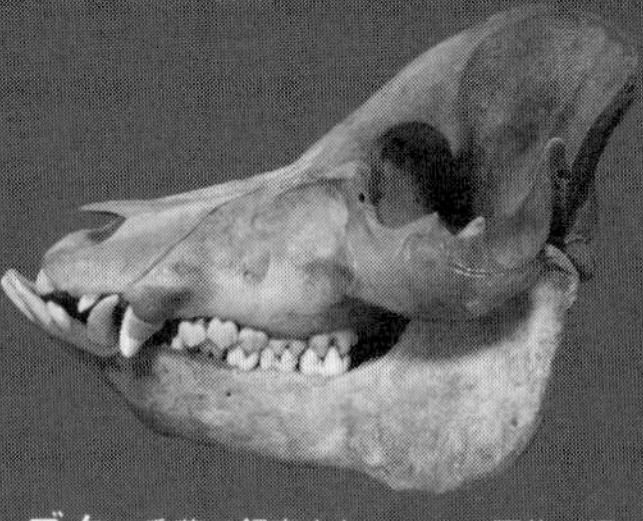

ブタ：千葉で飼育されていて、死後、埋められていた頭骨をもらう

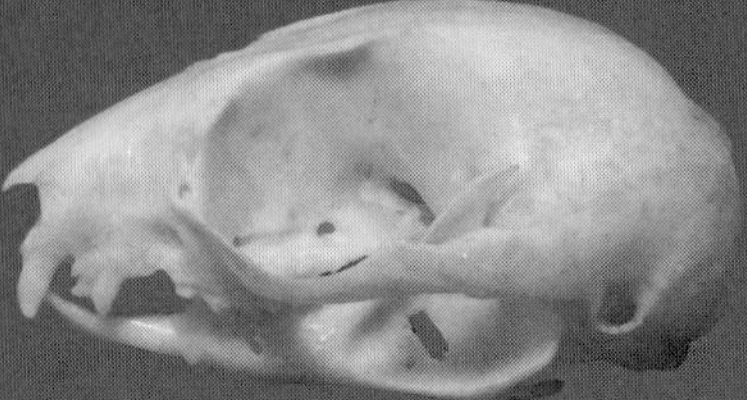

フクロモモンガ＊：専門学校の学生から死体をもらう

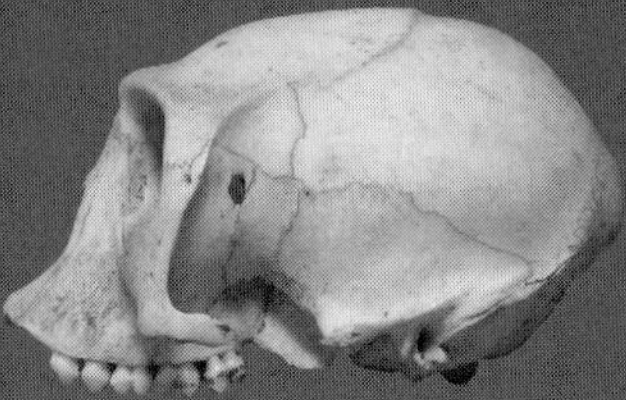

ハヌマンラングール：スリランカから帰国した友人から頭骨をもらう

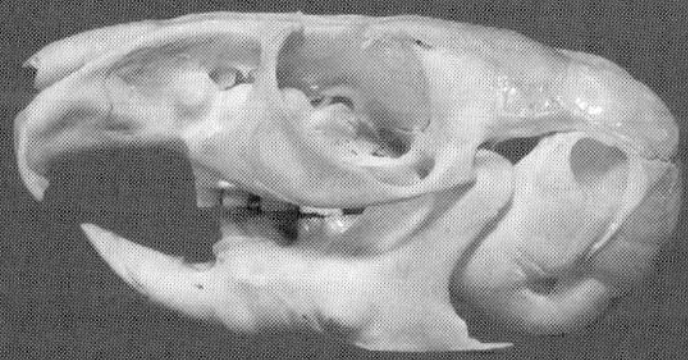

チンチラ*：専門学校で飼育されていた死体をもらう

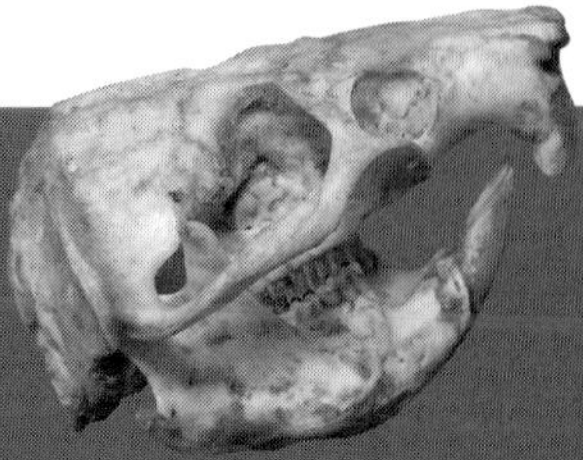

チュウゴクモグラネズミ：東京農工大学で集中講義をしたとき、中国からの留学生よりもらう

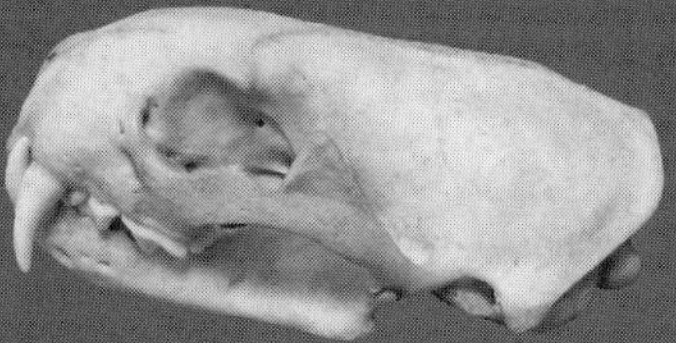

ステップケナガイタチ：同上の中国からの留学生よりもらう

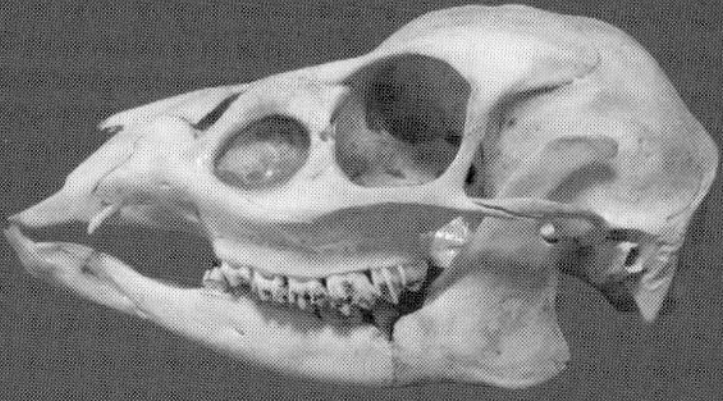

キョン*：キンシコウの調査で泊まった中国の農家のイヌが食べていた。13ページ参照

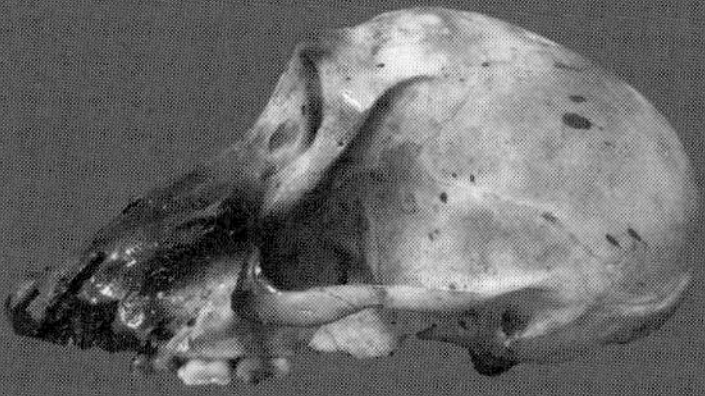

キイロヒヒ：マハレで採集

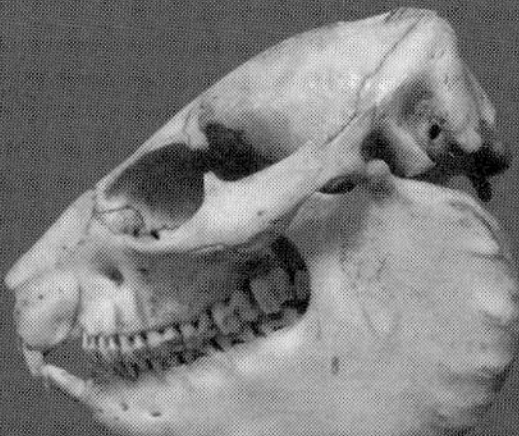

イワハイラックス：タンザニア在住のドイツ人研究者からもらう

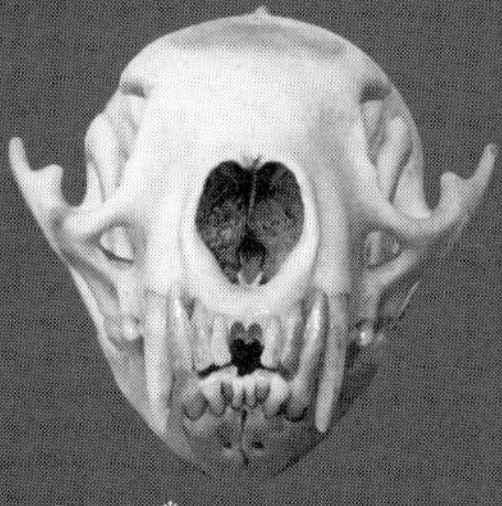

キエリテン*：中国でのキンシコウの調査時に見つけた滑落死していたテン。44ページのコラム参照

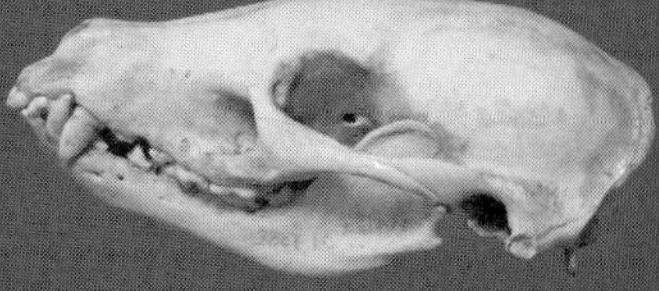

ブタバナアナグマ*：中国でのキンシコウの調査時に、農家の人が殺したものを燻製にして持ち帰る。肉は唐揚げにして食べさせられた

※縮尺はまったく考慮していない。チンチラ、チュウゴクモグラネズミ、ステップケナガイタチやリスザルの頭骨は、そっくりそのままウシの眼窩のなかにおさまるくらい小さく、フクロモモンガは唯一の有袋類だが、チュウゴクモグラネズミよりもさらに小さい。

【著者紹介】

福田史夫（ふくだ・ふみお）

一九四六年、北海道釧路市生まれ。横浜市立大学卒業。京都大学博士（理学）。動物社会・生態学・霊長類学専攻。

学生のころからニホンザル、タイワンザルの調査を行ない、チンパンジー、キンシコウの調査に従事する。

現在、慶應義塾大学、東京コミュニケーションアート専門学校の非常勤講師や西北大学の招聘教授を務めながら、知人や学生たちと丹沢山塊のニホンザルを含む野生動物の調査を行なっている。週に一度は丹沢を歩いている。

おもな著書に、『箱根山のサル』（晶文社）、『アフリカの森の動物たち――タンガニーカ湖の動物誌』（人類文化社）、『野生動物発見！ガイド――週末の里山歩きで楽しむアニマルウオッチング』（築地書館）など。

ホームページ：http://members2.jcom.home.ne.jp/fumio.fukuda/index.html

頭骨コレクション――骨が語る動物の暮らし

二〇一〇年六月三〇日　初版発行

著者――福田史夫
発行者――土井二郎
発行所――築地書館株式会社
東京都中央区築地七-四-四-二〇一
電話〇三-三五四二-三七三一　FAX〇三-三五四一-五七九九
ホームページ：http://www.tsukiji-shokan.co.jp/
振替〇〇一一〇-五-一九〇五七
印刷・製本――シナノ印刷株式会社
組版・装丁――新西聰明
イラスト――平澤瑞穂

ISBN 978-4-8067-1402-6 C0045

くわしい内容はホームページで。URL=http://www.tsukiji-shokan.co.jp/

●自然観察ガイド

◎総合図書目録進呈。ご請求は左記宛先まで。
〒一〇四―〇〇四五　東京都中央区築地七―四―四―二〇一　築地書館営業部
《価格（税別）・刷数は、二〇一〇年六月現在のものです。

野生動物発見！ガイド
週末の里山歩きで楽しむアニマル・ウオッチング

福田史夫［文］　武田ちょっこ［絵］　一六〇〇円＋税

TVチャンピオン★野生動物発見王選手権出場コンビによる最強ガイド！　フン、足跡、食痕……動物を見つけるための手がかり探しから動物へのアプローチの仕方まで、達人が、とっておきのテクニックを伝授。

田んぼの生き物
百姓仕事がつくるフィールドガイド

飯田市美術博物館［編］　◎2刷　二〇〇〇円＋税

田起こし、代掻き、稲刈り……四季の水田環境の移り変わりとともに、そこに暮らす生き物の写真ガイド。魚類、爬虫類、トンボ類などを網羅した決定版。

野の花さんぽ図鑑

長谷川哲雄［著］　◎5刷　二四〇〇円＋税

植物画の第一人者が、花、葉、タネ、根、季節ごとの姿、名前の由来から花に訪れる昆虫の世界まで、野の花三七〇余種を、花に訪れる昆虫八八種とともに二十四節気で解説。写真では表現できない野の花の表情を、美しい植物画で紹介。巻末には、植物画特別講座付き。

イタヤカエデはなぜ自ら幹を枯らすのか
樹木の個性と生き残り戦略

渡辺一夫［著］　◎3刷　二〇〇〇円＋税

樹木は生存競争に勝つために、どのような工夫をこらしているのか。アカマツ、モミ、ブナなど、日本を代表する三六種の樹木の驚くべき生き残り戦略を解説。